井工程 QHSE 监督工作手册

《井工程 QHSE 监督工作手册》编写组◎编

石油工业出版社

内容提要

本书针对井工程 QHSE 监督工作的具体要求，依据现行有效的法律法规和标准规范，讲述了井工程 QHSE 监督工作的背景知识、人员管理、工作模式、监督要点，以及主要监督依据，旨在帮助井工程 QHSE 监督人员正确理解和掌握井工程 QHSE 监督的工作方法、法律法规及标准规范，及时发现事故隐患、减少违章行为，帮助油气田企业提升安全业绩。

本书适合从事井工程 QHSE 监督工作的监督、管理人员阅读使用，从事井工程建设的管理人员和一线员工可借鉴使用，相关承包商可参考学习。

图书在版编目（CIP）数据

井工程 QHSE 监督工作手册 /《井工程 QHSE 监督工作手册》编写组编 . -- 北京：石油工业出版社，2024.12.
ISBN 978-7-5183-6797-9

Ⅰ . TE151-62

中国国家版本馆 CIP 数据核字第 2024DH4694 号

出版发行：石油工业出版社

（北京安定门外安华里 2 区 1 号　100011）

网　　址：www.petropub.com

编辑部：（010）64523553　　图书营销中心：（010）64523633

经　　销：全国新华书店

印　　刷：北京晨旭印刷厂

2024 年 12 月第 1 版　2024 年 12 月第 1 次印刷
787×1092 毫米　开本：1/16　印张：11
字数：231 千字

定价：55.00 元
（如出现印装质量问题，我社图书营销中心负责调换）
版权所有，翻印必究

《井工程 QHSE 监督工作手册》
编写组

主　　编：王学强

副 主 编：杨　欢　杨　哲

编审人员：舒　畅　陈　龙　张　宇　林靖琪　周　鹏　王　良

　　　　　曾知昊　徐志凯　李　涛　彭　阳　郑景天　赵云海

　　　　　王嘉丽　张　颖　刘任远　王　超　文　果　谢智超

　　　　　吴　勇　蔡康林　林　海　冀　凯　王佳煜　戴　敏

　　　　　孙海军　熊　勇　何　涛

《甘石星经》考证与校勘

潘 鼐

前言

PREFACE

　　QHSE监督是各油气田企业质量、健康、安全与环保工作的重要组成部分,是作业现场减少违章行为、避免质量隐患、保护员工生命健康的重要保障。QHSE监督人员监督现场作业人员严格按照规范作业,及时纠正出现的违规情况,提供技术指导以尽可能地将隐患消除在萌芽状态,避免发生质量问题或安全事故。在井工程现场作业中,不仅要确保施工质量,而且需要确保施工安全。所以必须在施工之前明确作业现场的监督要点,结合现场作业的需要,对监督方案进行科学合理的设计,找准关键点,分析常见的各类隐患,明确相应的监督措施,落实监督责任。

　　QHSE监督是监督机构和监督人员依据法律法规、标准规范和规章制度,对钻试修承包商和作业人员在生产作业过程中,是否满足安全生产要求而进行的督导、检查和督办活动。QHSE监督是QHSE管理的分支,但又与QHSE管理相互融合,QHSE管理与QHSE监督相互补充、相互支持、互不替代。QHSE监督管理包括QHSE监督机构与人员、监督方式与内容、考核与责任等环节的管理。各级监督管理机构应当根据生产经营特点、从业人员数量、作业场所分布、风险程度的实际情况,对监督人员的地位、设置、能力和职责等做出规定,保证监督工作的正常有效开展。油气田企业应支持和配合监督人员工作,树立监督人员的权威性,确保监督人员正常履行职责。

　　受历史和专业原因的限制,油气田企业井工程技术监督机构和HSE监督机构往往是分开设置的,如分别设立工程技术监督机构和HSE监督机构,但对QHSE监督实行统一管理、分级负责的趋势已越来越明显。为加强井工程QHSE监督工作,监督机构应规范井工程监督人员资格管理,完善质量安全环保监管支持体系。即应整合管理监督人员从业资格,对监督人员实行统一管理、考核与发证,以获得质量监督与HSE监督相应资格,并通过不断的培训教育,提高其工作能力和业务水平。QHSE监督是一种岗位技术职务,它与一般技术岗位不同,需要具有丰富的工作经验和综合能力。它不仅要关注工程设计与施工作业中的质量和安全问题,而且要与相关各方协作，调解各方争议。

各油气田企业在建立长效 QHSE 运行机制的探索与实践过程中，QHSE 监督在安全生产中所发挥的作用日益明显。实践证明，井工程 QHSE 监督机制的建立是实现安全生产的一个有效途径。如何提高 QHSE 监督人员的业务素质和监督能力，更好地发挥 QHSE 监督在安全管理中的作用，已经引起了各企业的广泛重视。石油钻井、试油和修井等作业是多工种、多工序、立体交叉、连续作业的系统工程，具有野外露天作业、施工条件恶劣、特殊工种多、用电设备多、立体交叉作业多、体力劳动强度大、施工场地分散且移动频繁等特殊性，决定了其作业过程是一个危险性大、突发性强、容易发生伤亡事故的生产过程。QHSE 监督是 QHSE 管理的重要环节，在减少违章行为、发现事故隐患和预防事故中发挥了重要作用。正确理解和掌握 QHSE 法律法规和标准规范的要求，清楚各类业务监督检查要点是做好 QHSE 监督工作的前提。QHSE 监督肩负的责任光荣而重大，既要有满腔的工作热情、高度的事业心和责任感，也要有不辞辛苦和不畏困难的敬业精神。井工程 QHSE 监督是在工程技术监督基础上发展出来的一门新技术，有较高的理论性和实践性，有待于在今后的工作实践中不断探索和完善。编写本书是为了方便井工程 QHSE 监督人员学习、理解和掌握监督专业知识和监督要点，以提高他们的业务素质和工作能力，帮助其更好地履行监督职责。

在本书的编写过程中，得到了西南油气田公司工程技术研究院等单位领导和员工的大力支持和积极参与，在此对其辛勤的付出表示衷心的感谢。本书参阅大量国内外文献等有关资料，没能全部注明出处，在此对原著者深表感谢。由于编者水平有限，难免存在疏漏之处，敬请各位读者批评指正。

编写组

2024 年秋于北京

CONTENTS

目 录 >>

第一章　井工程 QHSE 监督工作背景 ………………………………… 1
    第一节　井工程 QHSE 监督发展历程 ………………………………… 1
    第二节　井工程 QHSE 监督机构设置情况 …………………………… 2

第二章　井工程 QHSE 监督人员管理 …………………………………… 7
    第一节　井工程质量监督人员管理 ……………………………………… 7
    第二节　井工程 HSE 监督人员管理 …………………………………… 11

第三章　井工程 QHSE 监督工作模式 …………………………………… 15
    第一节　井工程 QHSE 监督方式 ……………………………………… 15
    第二节　井工程 QHSE 监督准备 ……………………………………… 15
    第三节　井工程 QHSE 监督实施 ……………………………………… 17
    第四节　井工程 QHSE 监督信息沟通与反馈 ………………………… 24
    第五节　井工程 QHSE 监督技巧 ……………………………………… 31

第四章　井工程质量监督要点 …………………………………………… 37
    第一节　管理质量监督要点 …………………………………………… 37
    第二节　过程质量监督要点 …………………………………………… 39
    第三节　其他质量监督要点 …………………………………………… 59

第五章　井工程 HSE 监督要点 ………………………………………… 63
    第一节　钻井工程 HSE 监督要点 ……………………………………… 63
    第二节　井下作业（试油压裂）工程 HSE 监督要点 ………………… 102
    第三节　特殊作业与设备设施 HSE 监督要点 ………………………… 118

第六章　井工程监督主要依据……130
　第一节　法律法规及其他要求……130
　第二节　规范标准……134

附录　井工程主要标准规范目录……156

第一章　井工程 QHSE 监督工作背景

井工程是石油天然气勘探开发的一个重要组成部分，也是中国石油天然气集团有限公司（以下简称"中国石油集团"）各油田公司加快勘探开发步伐、提高勘探开发水平的系统工程，井工程主要包含钻井、井下作业、试油（压裂）等建立井筒或在井筒内施工的工程。中国石油集团每年投资规模约 2000～4000 亿元，70% 的投资用于勘探开发，而勘探开发投资的 70% 用于井筒工程建设，井工程建设对中国石油集团的发展、效益、安全影响巨大。井工程 QHSE 监督管理是控制钻井质量、安全环保、施工进度和成本的重要手段。

随着党的二十大提出中国共产党的中心任务就是团结带领全国各族人民全面建成社会主义现代化强国、实现第二个百年奋斗目标。高质量发展是全面建设社会主义现代化国家的首要任务。国家新实施的《中华人民共和国安全生产法》（中华人民共和国主席令 2021 年第 88 号）对生产经营单位明确提出，安全生产工作实行属地管理，本辖区、本单位、本部门的主要负责人是安全生产工作第一责任人。安全生产工作实行管行业必须管安全、管业务必须管安全、管生产经营必须管安全。中国石油集团将质量和健康安全环保放到同等重要地位，对 QHSE 监督工作提出更高要求。

第一节　井工程 QHSE 监督发展历程

一、中国石油集团井工程 QHSE 监督发展历程

中国石油集团从 20 世纪 80 年代开始引进并采用工程监督管理模式，2002 年成立了中国石油天然气股份有限公司勘探与生产工程监督中心，负责工程监督管理，工程监督主要关注井工程进度、井控安全，以及环境保护等方面工作。2019 年 10 月，中国石油集团先后组织人员对部分油气田开展井筒质量调查和管理评估。2020 年 4 至 5 月，中国石油集团对各油气田企业油气水井基本情况、套损套变、井身质量、固井质量等数据进行系统分析，对油气水井质量现状及管理情况进行了研究梳理，并提出相关建议。2020 年 7 月，中国石油集团在安全环保技术研究院有限公司设立"中国石油天然气集团有限公司油井工程质量监督总站"作为井筒相关工程质量监督支持机构，中国石油集团先后发布"井筒质量管理办法""井筒质量监督管理规定""油气水井质量三年集中整治行动方案""井身质量和固井质量不合格判定红线"和"井筒工程质量监督工作程序"，同时各油气田分别成立油气井工程质量监督站，"集团归口部门＋总站＋企业监督站"三级管理

模式、"专职监督（监理）+ 巡查监督"两级监督机制初步建成。

二、中国石油集团各油田公司井工程QHSE监督发展历程

中国石油集团各油田公司井工程QHSE监督主要由工程监督、HSE监督和质量巡查监督构成，工程监督接受建设单位委派，对井工程现场施工质量、施工进度和井控安全实行驻井监管，HSE监督和质量监督主要是根据井工程动态施工情况制订监督计划，对现场开展巡查监督。随着国家安全生产法规强调属地安全监督管理，中国石油集团大多数油气田公司也赋予质量监督HSE职责，个别油田组建专业HSE监督团队，形成对井工程现场QHSE监督统一管理。

QHSE监督模式往往采用驻井、巡井、数智化、联动和项目制等监督模式，能有效调用监督资源，发挥监督管理成效。驻井监督模式主要是驻井监督通过现场全天候、全时段、全过程监督管控，对关键工序对标对表和旁站把关检查；巡井模式主要是巡查监督和总监通过"四不两直"等方式，查现场标准化、查资料规范化、查监督履职能力；数智化监督主要是通过采集井工程施工设计、施工记录、监督报表等资料，使用数字化、智能化分析模拟软件，组建线上监督团队实现24h全天候值班监督，促进井工程的安全高效、高质量；联动监督主要是根据井工程施工进展、工艺难点联合各业务部门管理人员，共同对施工现场开展检查、巡查和评估；项目制监督主要是针对重点项目统筹人员成立监督项目组，开展项目化管理，保障工程项目安全优质。监督模式的选择需重点参考井工程区域分布、复杂程度及监督资源等情况，合适的监督模式能大幅度提高井工程QHSE监管的成效。

第二节 井工程QHSE监督机构设置情况

一、中国石油集团井工程监督管理机构设置及工作职责

井工程监督要对施工现场质量和安全环保等方面进行监管，承担着QHSE一体化监管职责，中国石油集团层面涉及多个监督管理部门及监督执行机构，主要包括中国石油天然气集团有限公司质量健康安全环保部（以下简称"中国石油集团QHSE部"）、中国石油油气和新能源公司、中国石油勘探开发研究院、中国石油安全环保技术研究院有限公司等。中国石油集团井工程监督管理机构见图1-1。

（一）中国石油集团QHSE部

中国石油集团QHSE部主要涉及质量处、安全监督处、环境保护处、QHSE体系处（健康处）。质量处主要工作职责是：负责自产产品、井筒工程、采购物资和服务的质量监督；油化剂等重要采购物资产品质量认可及重大装备和产品的驻厂监造；对产品质量

第一章 井工程 QHSE 监督工作背景

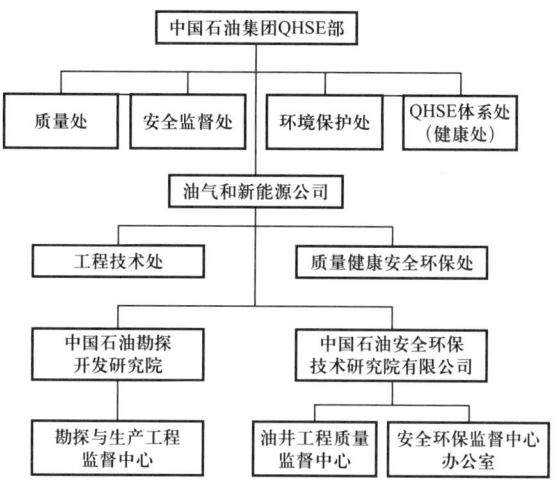

图 1-1 中国石油集团井工程监督管理机构示意图

监督技术机构和井筒工程质量监督机构进行业务指导。安全监督处主要工作职责是：负责组织安全生产监督检查和事故隐患排查；组织生产安全事故内部调查；组织制订公司事故灾难类突发事件专项应急预案；负责指导企业专职消防队专业化建设。环境保护处主要工作职责是：负责起草生态环境保护规章制度、发展规划和工作计划；监督建设项目环境管理，督导企业落实排污许可制度；组织开展生态环境隐患排查，组织较大及以上环境事件调查。QHSE体系处（健康处）主要工作职责是：负责指导协调质量、健康安全环境管理体系建设及实施工作；开展年度审核，指导协调员工健康和职业健康工作。

（二）中国石油油气和新能源公司

中国石油油气和新能源公司主要涉及工程技术处、质量健康安全环保处。工程技术处主要工作职责是：负责石油工程技术服务企业和施工作业队伍资质管理工作；负责中国石油天然气股份有限公司（以下简称"股份公司"）勘探与生产工程监督管理体系的建设；依据国家有关的法律法规及政策，制订股份公司勘探与生产工程监督管理规章制度并监督执行；负责股份公司勘探与生产工程监督中心（以下简称工程监督中心）和中国石油集团各油田公司工程监督业务的管理；负责工程监督培训、资格评审和发证。质量健康安全环保处主要工作职责：负责安全生产监督管理，组织开展安全监督检查、安全风险分级防控、高风险装置设施检测评估、劳保管理、重大危险源安全监管，指导安全生产技术支持机构工作；负责环境保护监督管理，开展绿色矿山和绿色企业建设，负责排污许可管理、环保风险防控、环境统计、甲烷和温室气体核算、污染减排、环境监测等；负责水土保持管理，组织开展水土保持方案实施、水土保持监测、监理等监督检查；负责职业健康监督管理，组织开展健康企业创建，开展职业危害场所监测、接害人员健康体检，公共安全卫生管理、非生产亡人事件管理；负责质量监督管理，组织对自产原油、天然气、轻烃、液化气等产品和采购产品质量监督抽查、不合格产品处理，油化剂产品质量认可；负责质量检测机构监督管理，组织开展群众性质量活动，协助井筒质量和工程建设质量管理；负责计量监督管理，组织制定计量技术规范，开展油气交接计量设施的技术方案审查与竣工验收，组织建立最高计量标准和二等计量标准，参与仲裁油气计量纠纷；参与应急预案编制，参与突发事故、自然灾害的应急抢险，负责消防安全监督管理。

（三）中国石油勘探开发研究院

中国石油勘探开发研究院主要涉及勘探与生产工程监督中心，该中心的主要工作职责为：负责组织股份公司工程监督培训、资格评审、注册、发证和业绩考核管理，负责股份公司工程监督网络管理；负责向股份公司勘探与生产重点工程项目选派工程监督，对现场工程监督管理提供技术支持；负责组织工程监督管理经验交流及表彰优秀工程监督项目和工程监督；负责检查指导中国石油集团各油田公司工程监督管理业务工作。

（四）中国石油安全环保技术研究院有限公司

中国石油安全环保技术研究院有限公司主要涉及油井工程质量监督中心、安全环保监督中心办公室。油井工程质量监督中心主要工作职责为：贯彻落实中国石油集团井筒质量管理的相关制度，制定相关管理规定并组织实施；负责监督站的业务管理、资质管理和检查指导工作，负责巡查监督人员培训和资格管理；负责组织开展井筒质量监督方面的技术研究和咨询工作，负责井筒质量监督情况统计分析；参与中国石油集团QHSE体系量化审核、井筒质量专项检查和诊断评估、井筒质量事故调查分析，企业井筒质量问题整改落实的监督工作。安全环保监督中心办公室主要工作职责为：承担中国石油集团安全环保现场监督，组织重点领域、关键环节及专项督查，推进全面风险诊断评估工作，并对发现问题落实督促销项整改；督办中国石油集团重大隐患治理项目进展，督促监督企业落实风险管控措施，督促企业建立完善全面风险防控体系；开展现场安全环保管理和技术咨询，宣贯中国石油集团安全理念、风险识别和安全管理方法；参与突发事件现场应对和事故现场调查等。

二、中国石油集团各油田公司井工程监督管理机构设置及工作职责

中国石油集团各油田公司设置的井工程监督部门及执行机构不完全一致，大多按照中国石油集团各油田公司机关和二级监督单位两个层面构建，各油田公司QHSE部负责井工程QHSE统一管理，工程技术部门负责工程监督归口管理。中国石油集团各油田公司在二级单位普遍成立了监督中心和油气井工程质量监督站，监督中心和质量监督站分别下设工程监督、HSE监督和井筒质量监督室或站作为监督执行机构，执行机构负责对井工程QHSE监督业务和人员具体管理。工程监督对现场井工程质量、井控、进度等工作驻井检查，同时兼职现场HSE监督工作。HSE监督中心和井筒质量监督机构分别

对现场安全健康环保和质量开展巡查监督。各油田公司井工程 QHSE 监督管理机构见图 1-2。

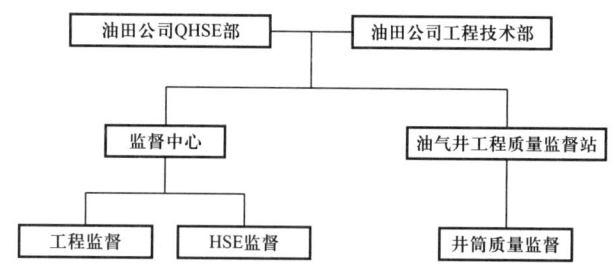

图 1-2　中国石油集团各油田公司井工程 QHSE 监督管理机构示意图

以中国石油西南油气田公司为例，该公司中心涉及的井工程监督管理部门及监督执行机构，主要包括 QHSE 部、工程技术部、安全环保督查工作办公室、HSE 监督中心、工程技术监督中心、油气井工程质量监督站、二级单位 QHSE 监督站等单位。

（1）QHSE 部主要工作职责为：宣贯公司安全理念、安全风险防控和安全管理方法，为 QHSE 监督工作提供资源保障；负责制、修订公司 QHSE 监督管理规章制度，并监督落实；协调配合安全环保督查办公室开展督查工作；检查、指导两个监督中心及所属单位 QHSE 监督机构工作；协调解决 QHSE 监督工作中出现的重大问题；负责 QHSE 监督人员培训和考核工作，会同人事、劳资部门负责公司 QHSE 监督人员资格认可管理工作；审定两个中心年度监督工作计划，定期督促落实。

（2）工程技术部主要工作职责为：贯彻执行国家有关法律法规和上级有关规章制度、标准规范，组织制、修订分公司监督相关管理制度、技术标准和规范，对所属单位进行业务指导和督促管理；负责监督和工程技术信息化管理；负责钻井、试油、录井、测井工程井控安全管理；负责组织制订重点井钻井、试油工程技术方案和重点井故障、复杂处理技术措施；负责钻井、试油、录井、测井工程技术质量管理和考核评价。

（3）安全环保督查工作办公室主要工作职责为：对二级单位开展安全环保督查，督查情况报公司 HSE 委员会及办公室，作为公司安全环保管理重大决策的参考依据；对公司重点生产单位、事故事件频发单位开展重点督导；对出现的重大安全、环保、职业卫生管理问题、薄弱环节及公司决定的重大安全、环保、职业卫生事项的执行情况进行专项督查督办；督查二级单位安全、环保、职业卫生管理是否到位，考查二级、三级单位领导班子成员安全环保履职能力及工作表现。

（4）HSE 监督中心主要工作职责为：结合公司年度重点工作任务，制订年度 HSE 监督计划，报质量安全环保处备案；监督检查各单位贯彻执行健康、安全、环保法律法规、标准规范和规章制度情况；监督检查各单位作业许可管理、事故事件管理、变更管理等 HSE 工具方法运用情况，参与公司 HSE 管理体系审核；监督检查各单位日常生产经营、工程建设项目、检维修作业、重点油气生产设施拆除、关停及弃置等；监督检查各单位安全环保风险防控与隐患排查治理情况；监督检查各单位清洁化生产、污染物排放及环境敏感区的管理情况；对二级单位 HSE 监督机构进行业务安排、指导和检查；定期向公司 HSE 管理委员会报告监督检查工作，及时报告发现的重大隐患和问题，对发现的隐患和问题组织二级单位 HSE 监督机构进行闭环验证；组织监督人员培训取证和 HSE 监督机构及人员考核。

（5）工程技术监督中心主要工作职责为：结合公司钻试现场年度重点工作任务，制订年度井工程 QHSE 监督计划，报质量安全环保处备案；监督检查钻试现场各施工方贯彻执行质量、健康、安全、环保法律法规、标准规范和规章制度情况；负责制、修订井工程 QHSE 监督管理规章制度，并监督落实；负责井工程 QHSE 监督人员选聘、培训及考核；负责钻试现场突出问题的认定及处罚；对二级单位包含井工程业务的 QHSE 监督站进行业务指导、组织交叉检查和专项检查；定期向公司报告监督检查工作，及时向质量安全环保处报告发现的重大隐患和问题；对发现的隐患和问题组织二级单位 QHSE 监督站进行闭环验证。

（6）油气井工程质量监督站主要工作职责为：贯彻执行中国石油集团井筒质量监督管理的方针政策和有关规定；受理所属建设单位井筒质量监督备案，对建设、设计、施工、工程监督、检验检测等井筒工程建设各方责任主体进行监督，参与建设单位组织的完井交井验收，并在相关资料上签署验收意见；及时通报发现的质量事故隐患和重大问题，负责问题整改落实的监督工作；负责井筒质量监督数据统计分析，并向总站报告工作情况；参与油气水井井筒工程质量检查和诊断评估等专项工作。

（7）二级单位 QHSE 监督站主要工作职责为：负责本单位及辖区范围内的 HSE 监督检查；监督检查辖区范围内各基层单位贯彻执行质量、健康、安全、环保法律法规、规范性文件，以及公司、本单位 QHSE 管理制度情况；根据本单位 QHSE 监督工作重点，结合公司年度安全重点工作，制订年度监督工作计划；监督检查辖区范围内工程建设项目质量、安全、环保、职业卫生、消防、节能"三同时"管理执行情况；监督检查辖区范围内各基层单位和施工单位作业许可管理、事故事件管理、变更管理等 QHSE 工具方法运用情况，参与 QHSE 管理体系审核；监督检查辖区范围内日常生产经营、工程建设项目、检维修作业、重点油气生产设施拆除、关停及弃置等；监督检查辖区范围内质量安全环保隐患排查、治理、监控、销项管理情况；监督检查辖区范围内清洁化生产、污染物排放、环境敏感区的管理情况；定期向本单位 QHSE 管理委员会报告检查工作，及时报告发现的隐患和重大问题；向辖区范围内其他单位通报检查情况；对上级及本监督机构发现的隐患和问题进行闭环验证，其中一般性问题开展资料验证和现场抽查验证，重大问题必须现场验证。

第二章 井工程 QHSE 监督人员管理

第一节 井工程质量监督人员管理

中国石油集团各油田公司均设立了井工程质量监督站,监督站主要负责人员任职资格、岗位资格预审,并向上级监督机构提交相关申请资料。监督站站长及技术负责人应取得一级质量监督工程师资格。上级监督机构主要负责中国石油集团各油田公司监督站资质管理、监督站年度综合考核、各监督站用印章启用和收回管理、组织监督人员培训、考试、核发任职资格证书、受理监督人员岗位资格申请,并对其进行岗位资格认定,核发岗位资格证书。

一、质量监督人员职责与条件

（一）质量监督人员工作范围

总监督工程师应由一级质量监督工程师担任;各级质量监督工程师承担与任职资格相对应专业的工程质量监督工作;质量监督员从事辅助性工作。

（二）质量监督人员职责

质量监督工程师对违反井筒质量管理规定的行为和影响工程质量的问题,有权采取责令改正、暂停施工等强制性措施。质量监督工程师应在所负责工程的质量监督计划、工程质量问题处理通知书和工程质量监督总结上签字,并对内容的真实性负责。监督人员不得以个人名义或准许他人以本人名义从事工程质量监督工作。

1. 总监督工程师职责
（1）负责项目监督部的全面管理工作,定期向监督站汇报项目监督情况。
（2）确定项目监督部人员的分工和岗位职责。
（3）组织编制监督计划书,并组织实施。
（4）组织行为质量和工程实体质量的监督检查。
（5）参与工程质量事件、事故调查。
（6）组织编写工程质量监督总结。
（7）组织项目工程质量监督档案的整理、归档。
（8）监督站安排的其他工作。

2. 专业监督工程师职责

（1）贯彻执行国家有关法律、法规、规章，以及中国石油集团相关管理制度和工程技术标准、规范。

（2）负责监督计划中相关内容的编制。

（3）检查工程建设各方责任主体的行为质量。

（4）实施监督计划并对工程的实体质量监督抽查。

（5）参与工程质量事件、事故调查。

（6）参与编制工程质量监督总结。

（7）负责监督资料的收集、归档。

（8）完成总监督工程师安排的其他工作。

3. 质量监督员职责

配合专业监督工程师开展监督抽查、资料整理、信息统计等辅助性工程质量监督工作。

（三）岗位资格认定申请条件

具备下列条件的监督人员，可申请监督人员岗位资格认定：

（1）受聘于质监机构。

（2）取得相应专业监督人员任职资格。

（3）未出现严重违反职业道德问题。

（4）未因本人过失发生重大工程质量事故。

（5）身体健康，能够胜任工程现场监督工作。

监督人员参加岗位资格认定，应由所在监督站向总站提出书面申请，并提交下列资料：

（1）监督人员岗位资格认定评审表。

（2）所在单位出具的申请人无违反职业道德行为的证明。

（3）其他需要提供的资料。

二、质量监督人员培训

监督人员应参加任职资格培训、考试并通过考核，方可获得监督人员任职资格。参加监督人员任职资格培训前，监督站应对相关人员进行资格预审。

参加监督人员任职资格培训、考试应提交下列资料：

（1）身份证明。

（2）学历、专业技术职称证书原件及复印件。

（3）从事相关工作年限证明。

（4）相关的执业资格证书原件及复印件。

三、质量监督人员资格评审与注册

监督人员专业分为钻井、地质、试油（气）等专业。每个专业分为：一级质量监督工程师、二级质量监督工程师和质量监督员三个级别。监督站站长及技术负责人应取得一级质量监督工程师资格。申请参加监督人员任职资格培训的人员，应先取得相应专业与级别的股份公司工程监督资格证书。

（一）一级质量监督工程师

符合下列所有条件者可获得一级质量监督工程师任职资格：
（1）参加监督人员任职资格培训且考试成绩合格。
（2）具有理工科本科及以上学历，且从事井筒工程相关工作一定年限：本科学历，从事井筒工程监督（监理）、设计、施工或质量管理工作8年及以上；研究生学历，从事井筒工程监督、设计、施工或质量管理工作5年及以上。
（3）具有相关专业高级专业技术职务任职资格或中级专业技术职务任职资格5年及以上。
（4）参加过10口井及以上探井、垂深4500m以上井、高压井、高含硫井、特殊工艺井，或具有5年及以上井筒工程质量监督工作经历，且未因本人过失发生重大工程质量事故。
（5）具有相应专业股份公司中级及以上监督资格。
（6）熟悉国家、行业及中国石油集团井筒工程标准规范，有较强的组织协调能力。
（7）有良好的职业道德。
（8）年龄不超国家法定退休年龄。

（二）二级质量监督工程师

符合下列所有条件者可获得二级质量监督工程师任职资格：
（1）参加监督人员任职资格培训且考试成绩合格。
（2）具有理工科本科及以上学历，且从事井筒工程相关工作一定年限：本科学历，从事井筒工程监督（监理）、设计、施工或质量管理工作5年及以上；研究生学历，从事井筒工程监督、设计、施工或质量管理工作3年及以上。
（3）具有相关专业中级专业技术职务任职资格。
（4）参加过5口井及以上探井、垂深4500m以上井、高压井、高含硫井、特殊工艺井，或具有3年及以上井筒工程质量监督工作经历，且未因本人过失发生重大工程质量事故。
（5）具有相应专业股份公司初级及以上监督资格。

（6）熟悉国家、行业及中国石油集团井筒工程标准规范，有一定的组织协调能力。

（7）有良好的职业道德。

（8）年龄不超国家法定退休年龄。

（三）质量监督员

符合下列所有条件者可获得质量监督员任职资格：

（1）参加监督人员任职资格培训且考试成绩合格。

（2）具有理工科本科及以上学历。

（3）从事井筒工程监督（监理）、设计、施工或质量管理工作1年及以上。

（4）具有相应专业股份公司初级及以上监督资格。

（5）了解国家、行业及中国石油集团井筒工程标准规范。

（6）有良好的职业道德。

（7）年龄不超国家法定退休年龄。

四、质量监督人员配备

井筒工程质量监督实行总监督工程师负责制，监督项目部应根据工作需要配备钻井、地质、试油气（压裂）等相关专业监督人员。

监督工作准备应满足下列条件：

（1）办公、交通、通信、网络、生活设施完备，满足工作和生活需要。

（2）仪器设备配备齐全，并在检定有效期内。

（3）配备与井筒工程项目相关的规章制度和标准规范。

五、质量监督人员聘任与考核

（一）质量监督人员聘任

获得监督人员任职资格的专业技术人员，受监督站聘用，并在总站进行岗位资格登记认定，取得岗位资格证书后，方可从事质量监督工作。从事工程质量监督工作的人员应持有总站颁发的"井筒工程质量监督资格证书"和"井筒工程质量监督岗位证书"，且证书在有效期内。总站在中国石油集团质量安全环保部的领导下具体负责监督站的资质和监督人员的资格管理。

（二）质量监督人员考核

通过岗位资格考核认定者，由总站核发岗位资格证书。总站每两年对持有岗位资格证书的监督人员复检一次。监督人员应按规定接受继续教育，不断更新知识，提高工作水平。

被复检人在岗位资格有效期届满六个月以前，由所在监督站向总站提交下列资料：

（1）监督人员岗位资格证书扫描件。

（2）所在监督站出具由负责人签章的相关工作评价，内容包括工作业绩、职业道德、受到的表彰或处分情况。

（3）监督人员不从事质量监督工作后，岗位资格证书应由所在监督机构收回，并在一个月内报总站备案。

总站对被复检人的资料进行复检，复检结论分为合格和不合格两种。

能完成工程质量监督任务，未发生重大责任过失，且按规定接受继续教育的，复检为合格。

持有岗位资格证书的监督人员有下列情形之一的，复检为不合格：

（1）所监督的工程发生重大质量事故，且经认定该监督人员应承担监督责任的。

（2）不履行规定的监督人员职责的。

（3）不按照有关法律法规、规章制度进行监督，违背职业道德，侵害管理相对人合法权益的。

（4）不按规定接受继续教育的。

监督人员岗位资格复检不合格者，停止岗位资格一年。

质量监督工程师有下列行为之一的，取消其监督人员岗位资格，5年内不能从事工程质量监督工作；质量监督工程师有以下行为之一，且所监督的工程发生重大质量事故的，取消任职资格：

（1）未直接监督工程而签署井筒工程质量监督总结的。

（2）准许他人以本人名义签署工程质量监督总结的。

（3）与工程建设有关责任方串通弄虚作假，提供虚假工程质量监督总结的。

在工程质量监督工作中玩忽职守、滥用职权、徇私舞弊，受到刑事处罚的，由总站取消其质量监督人员任职资格和岗位资格。

第二节 井工程HSE监督人员管理

中国石油集团各油田公司基本按照国家、企业有关要求设置了安全监督机构，配置了安全监督人员，提供一定的安全监督资源。对下设的监督中心、HSE监督站等单位专职HSE监督人员普遍实行资格认可管理制度。HSE监督人是指受中国石油集团各油田公司委派对井工程现场健康、安全、环境进行监管的监督人员，包括驻井工程监督、巡井HSE监督、远程HSE监督。

一、HSE监督人员条件与职责

（一）HSE监督任职条件

（1）具有大专及以上学历，从事专业技术工作三年以上或从事现场安全管理工作两年以上，年龄 55 岁以下，符合条件的市场化人员经选拔后可从事 HSE 监督工作。

（2）HSE 监督应掌握安全、环保、职业卫生相关法律法规、规章制度和标准规范，地面建设工程、油气储运等专业应取得 HSE 监督资格证书；井工程 HSE 监督应持有中国石油集团钻井、试油或安全监督证三者之一。

（3）有一定的计算机办公基础，具备较好的组织协调和文字、语言表达能力。

（4）持有中级注册安全工程师证的人员优先考虑。

（二）HSE 监督人员职责

（1）驻场井工程 HSE 监督由工程监督兼职，履行对施工作业现场属地安全监督的监管职责。

（2）驻场井工程 HSE 监督负责日常 HSE 巡检和风险作业前施工条件确认。

（3）巡井监督负责钻试现场的基础资料、安全管理、环境保护等方面的检查，对施工队伍进行履职能力评估，并对发现的突出问题提出整改要求。

（4）远程监督负责抽查风险作业过程中人员不安全行为及各项安全环保措施落实情况。

二、HSE 监督人员权限与义务

（一）HSE 监督权限

（1）对现场发现的"三违"行为，有权制止，严重问题有权责令施工方对责任人进行处理。

（2）对发现的影响安全生产的问题和隐患，有权责令整改，在整改前无法保证安全环保生产的，有权责令暂时停止作业或者停工。

（3）发现危及员工生命安全的紧急情况时，有权责令立即停止作业或者停工检查、责令作业人员立即撤出危险区域。

（4）对监督检查发现较为突出的隐患或问题，有权召集有关单位负责人召开现场分析整改会议。

（二）HSE 监督义务

（1）坚持原则、廉洁自律，认真履行 HSE 监督职责，正确行使 HSE 监督权力，及时纠正、制止不安全行为。

（2）遵守公司及被监督单位的有关规章制度，保守商业秘密。

（3）接受 HSE 监督中心和工程技术监督中心的管理、考核。

（4）接受 HSE 教育和培训，提高自身业务素质。

（5）发生突发事件时，参与应急抢险和现场救援。

三、HSE 监督人员考核与培训

（一）HSE 监督考核

中国石油集团各油田公司每年对 HSE 监督机构工作开展情况进行考核，HSE 监督机构每年对井工程 HSE 监督人员进行考核。

HSE 监督机构从监督人员日常汇报、井控管理、规章制度执行、资料管理、信息化管理、综合素质等方面进行考核。监督人员考核按照不同单位划分一定的权重。考核采取百分制，90～100 分为优秀，80～89 分为良好，60～79 分为合格，60 分以下为不合格；质量安全环保处对考核结果进行审核。

油田公司及所属单位对严格履行职责、工作表现突出，或者在保护人员安全、减少财产损失，以及预防事故中取得显著效果的 HSE 监督人员，应当给予表彰奖励。

HSE 监督机构每年组织对监督人员进行能力评估，内容包括：人员资质与能力、工作质量、技术工作支撑等，评估结果纳入所在单位激励和考核。

HSE 监督机构和监督人员有下列行为之一的，给予批评教育；情节较重的，按照有关规定进行问责或处理。

（1）不履行或者不正确履行 HSE 监督职责，造成安全环保事故或员工职业卫生伤害的。

（2）利用职务便利谋取私利的。

（3）无正当理由妨碍被监督单位正常生产秩序的。

（4）包庇、纵容被监督单位和个人违章的。

（5）违反规章制度，给 HSE 监督工作造成恶劣影响的。

（6）工作现场发现重大隐患或者严重威胁人员生命安全的情况而不及时报告和处理的。

（7）违反有关廉洁从业和保密要求的。

被监督单位及其员工有下列行为之一的，给予批评教育；情节较重的，按照公司有关规定进行问责或处理：

（1）无正当理由拒不接受和执行 HSE 监督指令的。

（2）拒绝或者阻挠 HSE 监督人员工作，严重影响监督工作正常开展或工作任务完成的。

（3）故意掩盖有关问题和隐患，或者安全生产工作弄虚作假，造成一定影响或者不良后果的。

（4）对 HSE 监督人员打击报复的。

（二）HSE 监督培训

油气田 HSE 监督机构对专职 HSE 监督人员实行资格认可管理制度。专职 HSE 监督人员应经专业培训和考核，合格后颁发 HSE 监督资格证书，取得上岗资格，每三年进行一次考核，考核合格的继续有效，不合格的取消其资格。

培训内容应包括但不限于以下内容：

（1） HSE 相关法律法规、标准规范和规章制度。

（2） HSE 管理知识。

（3）井工程高危、特殊作业及关键环节监督要点。

（4）新技术、新工艺、新材料、新设备的安全技术特性。

（5）安全观察与沟通等风险控制工具的应用。

（6） HSE 监督实用知识。

（7）风险辨识管控与隐患排查方法。

（8）事故事件管理及事故应急处理措施。

第三章 井工程 QHSE 监督工作模式

工程监督机构应当根据年度或月度施工动态制订监督计划，分专业选派监督人员，监督计划内容主要包括监督对象、时间、次数、内容、人员和职责分工等。通过采取驻井监督、巡井监督、远程监督、资料审查、专项检查、诊断评估等方式对井工程施工全过程 QHSE 实施监督，突出驻井监督"全覆盖"、巡井监督"每日查"、远程监管"不间断"。

第一节 井工程 QHSE 监督方式

监督人员可对现场进行巡回检查，对关键要害部位进行抽查、对重点施工环节和特殊作业进行旁站监督。各企业可根据自身的实际情况，决定采用的监督方式，可包括以下几种或其组合：

——驻井监督：按合同或实际需要，长期驻扎在井工程施工作业现场进行监督检查；

——巡井监督：按规定的时间、内容和线路，对一个片区或多个井工程现场进行巡回监督检查；

——远程监督：通过远程视频监控手段对井工程现场进行监督检查；

——专项监督：是根据企业实际要求和工作安排，组织开展针对某一特殊时段和重点工作专项检查。主要是指节假日、生产启动、重要工作、特殊天气、季节交替等特殊敏感时期和阶段性重要工作安排的监督检查活动。

监督检查中，监督人员除应采用抽查、旁站、验证、测试、访谈、辅导等方式开展监督检查工作，还应充分运用航拍、无人机、卫星遥感、GPS、记录仪、视频监控等检测、监测、监控技术手段。

第二节 井工程 QHSE 监督准备

监督机构应当根据监督任务和工程项目对监督人员的要求，及时选派监督人员，成立监督工作组织，制订监督方案或计划，并书面通知被监督单位。

一、成立监督项目部

监督机构根据井工程项目的内容、规模和特点，选定相应专业和相应级别的监督人员组成监督项目部，负责实施井工程项目的监督工作，监督项目部可分区域设置工作组。

实行总监督工程师负责制，监督项目部应根据工作需要配备钻井、井下作业、试油气（压裂）等相关专业监督人员。

监督工作准备应满足下列条件：办公、交通、通信、网络、生活设施完备，满足工作和生活需要；仪器设备配备齐全，并在检定有效期内；配备与井工程项目相关的规章制度和标准规范。监督人员进驻现场前，监督项目部应收集项目相关资料信息，对重点工作提出监督工作要求。

二、收集项目资料

充分了解和掌握被监督项目基本情况、主要风险和管控措施等基本信息，这是开展监督工作的前提，是开展全面、科学、准确的监督的基础。包括以下内容：

（1）项目的基本概况，包括所在地气候、环境、人文、地理条件。

（2）项目地质设计、工程设计、施工方案、作业计划和"两书一表"。

（3）项目安全评价报告、环境评价报告、应急预案等。

（4）项目组织机构、QHSE监管人员和QHSE管理方式。

（5）作业活动和设备设施等方面主要风险及控制措施。

（6）作业许可制度与作业票证管理。

三、进行技术交底

监督项目组应组织监督人员对被监督项目进行风险分析和技术交底，内容包括工作风险分析与措施、流程与方式、内容与技术要求，以及检查标准培训等。同时交代被监督地区道路状况、天气情况，提示异地行车安全事项，明确检查小组成员和分工等，解答与监督工作有关的问题。

四、编制监督计划

监督计划编制由监督项目部组织，按照规章制度及标准规范的要求，结合风险点或质监点设置表，编制周或月度监督计划，内容包括必监点和巡监点设置、监督检查重点和难点、监督人员组成等。

监督计划可以按照单井或者区块进行编制，由总监督工程师审核、监督站技术负责人审批后实施。监督计划的主要内容包括：

（1）监督目的和任务。

（2）监督依据（适用的法律、法规、标准、规范、项目文件及项目合同等）。

（3）监督内容和目标。

（4）监督人员与职责、监督方式、工作程序。

（5）辨识项目实施过程和监督过程中的风险。

（6）必要的培训、专项会议和交流反馈要求。

（7）监督工作执行文件，采用的监督日志、通知单和其他记录式样。
（8）工作纪律、安全要求和注意事项等。

五、其他准备工作

（一）落实工作条件

监督机构应当对派出的监督人员进行监督前安全培训，落实派驻现场的工作和生活条件，配置必要的劳保用品、安全环保设备设施和检测仪器、交通工具等。

（二）监督依据准备、评审

监督依据主要包括项目相关法律法规、标准规范、企业规章，以及监督项目相关文件资料、检查表等，监督依据应覆盖整个检查项目和工程各阶段。监督项目部应定期检查所使用和执行的法律法规、规章制度、标准规范和相关文件的有效性，并及时更新，以保证其适用性。

第三节　井工程 QHSE 监督实施

日常监督的大部分工作就是不断监督各类质量与安全状况，对各类违规、违章和违纪现象保持警惕。现场检查可单独进行也可以按小组进行，检查工作对现场质量和安全管理改进有不可替代的作用。要记住一个非常重要的观点：监督检查目的是要发现事实而不是发现过失或加过于谁。

一、监督频次与范围

经常的质量和安全监督检查不仅能够克服作业队伍的自满情绪，同时还可以使一些未知或未认识的危害在导致事故发生之前被发现。无论是驻井监督和巡查监督，开展检查活动时都要有计划，计划可以根据施工进展或工艺变化进行动态调整。驻井监督需按照规范标准要求规定的检查路线、旁站环节进行检查。当遇到吊装、动火、临时用电等施工时，也要开展旁站检查，并准确记录监督日志。巡查监督人员现场检查过程中需结合井工程施工动态，提前规划监督重点，例如下套管、注水泥、揭开油气层、泵注压裂液、防喷演习等关键环节需加大检查频次。

二、利用检查清单

常用的监督方法是按照清单开展检查，检查清单的使用是非常有益处的，它能确保所有环节不被遗漏，能实现关键检查内容的步步确认。检查清单可以按照质量和 HSE 问题进行分类，在日常监督过程中还要对其不断完善，以确保尽可能做到完整，且能反映作业或设备发生的变化。

（一）驻井监督检查表

驻井监督是指派驻到井工程现场对施工现场全过程监督检查的人员，驻井监督工作内容示例可参见表 3-1。

驻井监督职责主要包括：

（1）对井工程现场开展每日不低于四次的巡检。

（2）开展特殊作业前检查，协助核实现场问题（隐患）。

（3）制止和纠正现场不安全行为，及时上报现场问题（隐患）。

（4）督促现场整改问题（隐患），并跟踪验证。

（5）检查属地安全监督（安全员）履职情况。

表 3-1 驻井监督 QHSE 检查表（示例）

序号	检查项目	检查内容	检查结果
1	人员管理	现场施工人员是否持有 HSE 证	
		含硫井施工现场是否全员持有硫化氢证	
		现场特种作业人员是否持有有效的特种作业操作证	
		施工队伍人员是否进行安全履职能力评估，评估报告齐全	
		施工队伍是否配备专职安全监督或安全员	
2	质量管理	钻机、钻井泵、振动筛、除砂器等设备配备是否符合设计要求	
		钻进、通井等作业钻具组合是否符合设计要求	
		定向仪器的使用及测斜间距的执行等井眼轨迹控制措施是否满足标准、设计要求	
		随钻仪器合格证、检验证书、校验记录、校验报告等资料是否齐全	
		到井套管及附件合格证、检验报告是否齐全	
		钻井液原材料合格证、检验报告是否齐全且在有效期内	
		钻井液原材料是否为中国石油集团准入产品	
		钻井液密度、黏度、pH 值、流变性等性能指标是否符合设计要求	
		下套管作业前是否对待入井套管逐根使用标准通径规进行通内径检查	
		套管附件强度是否低于套管强度	
		下套管作业前是否进行通井作业	
		下套管时是否使用带扭矩仪的套管钳并按照标准或厂家推荐的扭矩值进行上扣	
		固井注水泥作业前钻井液是否循环两周以上	
		固井注水泥施工前是否依照设计要求的压力及稳压时间对施工管线进行试压	
		固井注水泥浆量、水泥浆体系、注替排量、水泥浆密度控制是否符合设计、制度要求	

续表

序号	检查项目	检查内容	检查结果
3	安全管理	逃生通道、紧急集合点是否按要求设置；钻台、循环罐、储备罐、机房防护栏、井场围栏等是否齐全、完好	
		现场是否有急救药品、包扎止血物品等急救物质	
		井口 30m 内的电气设备是否满足防爆要求	
		乙炔瓶、氧气瓶、分离器及灰罐安全阀、压力表标签是否在有效期内，清晰可读	
		消防室是否按设计要求配备消防器材	
		消防沙数量是否按 $4m^3$ 配备	
		正压式空气呼吸器配备是否符合设计，并定期检查	
		固定式硫化氢气体检测仪是否按规定设置，安装规范，并定期检测	
		便携式硫化氢监测仪数量、量程配置是否符合井控实施细则要求，并定期检测	
		可燃气体监测仪配置是否符合井控实施细则要求，并定期检测	
		现场危化品是否执行"双人双锁"管理，与台账相符	
		二层台紧急逃生装置是否建立使用情况台账（包含使用时长、下滑次数、下滑距离、检查情况、保养维护记录等）	
		现场是否有审批齐全的应急预案，预案涉及人员是否清楚各自职责	
		是否按要求开展防火、防硫、防洪、防汛应急演练，记录是否齐全	
		各班岗位人员是否按岗位巡检表巡查并签字	
		第三方施工队伍入场作业是否签订 HSE 协议，作业前是否召开现场作业协调会或技术交底	
4	环境保护	井场周边堡坎、边坡是否有崩塌、滑坡迹象	
		井场沟渠畅通，是否清污分流	
		钻井废弃物是否固定堆放，并下垫上盖；危险废弃物是否独立存放危废房，台账齐全准确	
		污水池、转酸池、应急池有无渗漏，空容是否足够	
		现场设备、管线是否存在跑冒滴漏	
		设备区域围堰是否完好、防渗布有无破损	

（二）巡井监督检查表

巡井监督是指专职对一个片区或多个井工程现场进行巡回监督检查的人员。巡井监督工作内容示例可参见表 3-2。

巡查监督主要职责包括：

（1）对井工程现场基础资料和质量安全管理情况开展检查。

（2）检查驻井工程监督、属地安全监督履职情况。

（3）对驻井工程监督进行培训。

（4）验证突出问题整改闭环。

（5）检查施工队伍关键岗位履职情况。

（6）总结巡井检查情况，编制巡井检查报告。

表 3-2 巡井监督 QHSE 检查表（示例）

序号	检查项目	检查内容	检查结果
1	基础资料	施工现场安评、环评报告、施工设计、HSE 计划书、方案是否完成审批	
		施工现场关键人员变动是否按规定履行变更管理程序	
		现场作业人员是否持有效证件上岗，证件是否满足作业要求	
		现场对下发的安全文件、制度是否进行宣贯、培训，并有培训记录	
		承包商入场前是否与井队签订安全协议	
		各级检查隐患问题是否按时闭环销项	
		井控装置的安装、试压是否按井控实施细则或设计要求执行	
		液面坐岗记录填写是否完整，值班干部、安全监督是否按要求巡检签字	
		是否按时召开井控例会并做好记录	
		各类演习记录是否齐全，记录内容有无针对性	
		是否制订本井相应的应急预案，预案涉及人员是否知晓各自职责	
		井控闸阀、封井器、远程点火装置等是否有活动保养记录	
2	质量管理	地质设计、工程设计、施工设计等内容是否符合制度标准规定	
		测斜间距、防碰扫描等防碰措施是否按照设计、标准执行	
		钻井工程班报、钻井液班报等记录内容是否及时、真实、准确、齐全	
		设计变更是否及时，审批流程是否规范	
		振动筛、除砂器、除气器等钻井液维护设备是否运转正常	
		套管扶正器安放是否执行设计要求	
		全角变化率、井径等井身质量控制指标是否符合设计要求或触碰"七条红线"条款规定	
		固井水泥返高、水泥胶结质量是否符合设计要求或触碰"七条红线"条款规定	

续表

序号	检查项目	检查内容	检查结果
3	安全管理	井口装置、液控管线、内防喷工具是否有定期检验合格证	
		高危作业是否按要求办理作业许可，开展工作前安全分析，资料填写是否齐全	
		是否按规定配备、使用各类安全、消防设备设施	
		安全、消防设备设施是否定期检查、保养	
		消防通道、应急通道是否畅通	
		工业气瓶是否定期检验并在有效期内	
		各设备上安全阀是否有检验合格证，并在有效期内	
		危化品是否执行双人双锁管理，台账与实物是否相符	
		现场井控应急物资是否满足钻井工程设计或施工方案的需求	
		现场井控应急储备重钻井液是否按照钻井工程设计储备	
		现场固定式硫化氢浓度检测仪是否规范安装、便携式硫化氢检测仪是否完好、灵敏	
		现场空气呼吸器配置数量、摆放位置、各具空气呼吸器的压力值是否在规定范围，是否定期检查	
		作业现场是否设置紧急合点，紧急集合点标识是否清晰可见	
		现场是否备用防洪沙袋、手电、对讲机、雨鞋、雨衣等汛期应急用品	
4	环境保护	井场四周有无垮塌、滑坡等地质风险	
		井场四周排水沟是否完好、无堵塞	
		现场各种废弃物是否按要求存放	
		现场各类管线、管线接头处有无渗漏	
		加重房四周排水沟是否保持畅通、无积水，地面是否进行防渗漏处理	
		油罐区、泵房、远控房、清洁化场地四周是否设置围堰并做好防渗	
5	驻井监督履职	监督资料是否认真填写，各项记录是否齐全	
		监督对本井情况是否清楚，熟悉设计要求，对现场情况的描述是否准确	
		是否熟悉本井的井控风险、HSE监督要点及相应的预防措施	

三、监督检查步骤

监督检查的基本步骤主要包括：制订计划、进行检查、分析信息、归纳结论、提出建议和记录。

（一）制订计划

（1）准备好监督检查时间。

（2）确定监督检查区域或范围。

（3）确定监督检查计划。

（4）决定监督检查路线。

（5）建立监督检查表、记录和报告程序。

（二）检查内容和对策

在检查中要着重发现下面问题：不安全行为（unsafe act）和不安全条件（unsafe condition）。

（1）对不安全的行为，应采取如下对策：

——立即叫停，停止不安全行为；

——和涉及的人员进行讨论；

——沟通并确定原因；

——对需要改变做解释；

——实现安全的举止；

——观察安全的工作；

——记录发现和采取的措施。

（2）对不安全的条件，如果可能立即采取控制行动：

——观察和进行记录发现的情况；

——对涉及的人员就风险进行讨论；

——如果可能，彻底改正这一不安全条件；

——如不可能，采取临时有效控制措施，使之达到安全条件；

——尽快报告：发现的情况、已采取的行动和可能的解决方法；

——继续监控这一不安全条件的发展。

（三）现场检查

（1）确定检查的区域界限和检查时间。

（2）准备质量或安全检查清单。

（3）确定检查路线，以便覆盖整个区域。

（4）按照路线先走一遍，集中对区域的边界进行观察（如：围挡、围墙、地面、墙面和顶棚）。

（5）按照路线走第二遍，集中对区域的静态内容进行观察（如：机械、设备、管线、装置、储罐、存储的材料等）。

（6）按照路线走第三遍，集中对区域的活动的人员、材料、车辆等和无形流动的流体、气体、电等进行观察（必要时可以再走）。

（7）如果认为有危害和安全问题就停止巡视，提出问题、更仔细地观察，给出指令或记录所需进一步的行动。

（8）解剖情形和评估潜在的危害、事故的可能性，特别是不希望和不熟悉的情形。

（9）回顾检查发现的问题，记录发现的情况，听到的建议和下一步采取的行动。

（10）发出通知单、指令单，提出建议和陈述已经或计划采取的措施。

（11）计划和执行持续行动。

（四）分析改进

（1）问题分析，通过发现问题进行分析，发现潜在的、管理上的深层次问题和应优先考虑解决的问题。

（2）归纳结论，结合检查发现，决定当前最需要做是什么，做出合理、实际和可行的选择。

（3）提出建议，针对现场发现的和潜在的问题、结合实际的选择，提出改进的建议，确定需要的资源。

四、现场监督确认

现场监督的目的不是发现问题，而是要通过现场监督，避免问题的出现。这就需要监督人员在如下诸多环节进行监督确认。

（一）班前/后会监督确认

（1）对本班工作任务进行风险识别，明确控制措施。

（2）已经进行的班前讲话，相关程序、内容符合要求。

（3）当班员工清楚自己的工作任务、主要风险的控制措施。

（4）当班作业结束后，现场处于安全状态。

（5）召开了班后会，并对当班情况进行了总结。

（二）作业前监督确认

（1）作业区域具备安全条件、作业人员持有作业许可证。

（2）作业人员进行入场登记，并给予厂场安全教育和风险提示。

（3）新入厂和转岗员工经过"三级"教育和培训，具备了相应的能力。

（4）相关特种作业人员和特种设备操作人员持证上岗符合要求。

（5）进入现场的所有人员正确选择穿戴劳动防护用品和使用正确工器具。

（6）作业现场安全、急救和逃生装备、物资和工具按要求配置。

（7）作业现场各种安全标志完好，应急通道、逃生路线畅通。

（三）作业中的监督确认

（1）作业现场人员不存在违章行为和不安全行为。

（2）作业现场不存在安全隐患和不安全状态。

（3）作业环境符合安全生产和职业卫生条件。

（4）作业现场不存在管理缺陷和违章指挥等。

（5）鼓励作业人员安全的作业方式和安全行为。

（四）作业后的监督确认

（1）对于不能立即整改的事故隐患，要求被监督单位采取临时监护措施，并限期整改。

（2）对事故隐患整改进行跟踪验证，若在计划限期内未整改完成，应查明原因，提出建议。

（3）对重大事故隐患和问题的整改情况跟踪验证，并及时将整改进度反馈至监督机构。

（4）对于管理方面的缺陷，确认被监督单位已经制订相应措施，进行了管理改进与制度完善。

第四节　井工程 QHSE 监督信息沟通与反馈

监督机构和监督人员应当与被监督单位建立工作沟通机制，对发现的问题和隐患，及时通知被监督单位。监督人员应每天记录发现的问题、隐患及违章行为，采取现场纠正、责令整改、三违行为处罚、停工、警示等处理措施，并以处罚通知单、警示通报或监督指令等方式，及时通知被监督单位按要求组织整改和整顿，并及时将整改和整顿情况反馈至上级监督管理部门。

一、监督信息反馈

监督人员应建立与被监督单位进行工作沟通的协调机制和渠道，如通过会议、交谈和情况通报等方式，互通双方的工作信息，协调双方的各项工作，将发现的问题和隐患，及时通知被监督单位。对发现的不安全行为，应按照非处罚性原则，立即制止后采取安全观察与沟通的方式，及时与相关人员沟通，以固化其安全行为，消除其不安全行为；对查出的违章行为，应当采取现场纠正、批评教育、情况通报等形式进行处理，或者建议给予责任人以组织处理或者处分。

（一）监督工作日志

监督人员应每日填写监督工作日志，在日志中详细记录当日工作开展情况，做到工作可追溯。监督工作日志内容及格式可参见表3-3。监督工作日志中的内容包括但不限于：

（1）被监督单位工作安排和布置。
（2）开展的人员培训、教育与应急演练。
（3）召开会议的主题、内容，主持人和参加人员。
（4）开展QHSE体系审核与检查，以及发现的主要问题。
（5）设备设施的配备、完善与维护。
（6）现场违章指挥和违章作业行为。
（7）开展现场监督检查的部位和方式。
（8）对发现问题和隐患整改情况的跟踪验证等。

表3-3 监督工作日志（示例）

日期：　　年　月　日　　　星期：　　　　天气：　　　　气温：

施工项目		位置	
作业队伍		人员	
现场责任人		电话	
作业许可证			
当日主要工作内容：			
发现的主要问题：			
采取的主要措施：			
备注：			

（二）隐患通知单

监督人员在日常监督检查中，针对发现的问题和隐患，对照相关法规标准进行辨识与评估，通过填写隐患和问题整改通知单的形式，通报被监督单位，见表3-4。被监督单位整改完成后，应向监督人员提交隐患和问题整改回执单，监督人员进行现场验证后进行问题和隐患的关闭。

对发现的问题或隐患，监督人员应当采取责令改正、限期整改、停工等措施进行处理。一般问题由驻井监督督促施工方整改闭环，严重问题上报所属单位监督主管部门，责成项目建设单位对施工方进行处罚及整改，项目建设单位将处罚和整改情况反馈至监督机构。

表3-4 隐患和问题整改通知单（示例）

编号：					
隐患和问题整改通知单					
作业单位：_____					
经现场检查，发现你单位存在安全隐患和问题 __ 个，其中，重大安全隐患 __ 个、严重问题 __ 个。请贵单位落实具体责任人员限期进行整改，整改结果由监督验收后，上报监督机构和安全管理部门。如不按期整改，监督将按照有关规定，对贵单位进行相应的处罚。					
监督（签字）：　　　　年　月　日			作业单位负责人（签字）：　　　　年　月　日		
序号	隐患和问题	性质	整改责任人	整改限期	验收结论和时间
1					
2					
3					
4					

（三）监督指令

监督指令是对被监督单位下达的QHSE方面的监督决定。监督在下达指令后，应当立即向监督机构报告。被监督单位或者人员对监督指令产生异议时，可以向监督人员所在监督机构提出复议。复议结果仍有异议的，向上级业务管理部门申请裁决。监督指令具有强制性，被监督单位必须按指令要求执行。对现场安全行为的表彰及处罚决定，以及停工、复工等决定，都可以用监督指令的形式下达。常见监督指令表格的具体形式参见表3-5。

监督机构和监督人员应当定期对监督工作发现的问题和隐患进行分类统计和分析，提出改进监督工作的建议，持续提升监督工作效果。在对同一监督对象的下次监督工作中，应当对上次监督工作发现的问题和隐患整改情况进行抽查验证。

表 3-5 监督指令单（示例）

编号：　　　　　　　　　　　　　　　　　　　　　　　　　日期：

施工作业队伍		项目名称	
主管单位		作业地点	
监督指令要求： 　　　　　　　　　监督签字：　　　　　　　　　　　项目现场负责人： 　　　　　　　　　　　年　月　日　　　　　　　　　　　年　月　日			
指令落实情况： 　　　　　　　　　监督签字：　　　　　　　　　　　项目现场负责人： 　　　　　　　　　　　年　月　日　　　　　　　　　　　年　月　日			
注：监督指令单一式两份，被监督单位、监督各持一份。			

二、监督工作会议

监督人员在监督过程中，应有组织、有目的、有计划地组织或参加各类会议，以解决传达各类监督信息，解决和协调各类问题，这是一种很好的方式和途径。会议类型包括例会，如班前会、班后会、周例会、月度例会；工作会，如各方联席会，季度、年度、期末总结会等；专题会议，如事故现场会、JSA 分析会、问题通报会、审核交流会议、技术研讨会等。

（一）会议的目的

（1）向与会人员传达质量和安全要求与监督信息。

（2）形成为预防事故而共同负责的局面。

（3）寻找排除不安全习惯的方法。

（4）让所有涉及的人员都来参与。

（5）取得相关人员对质量和安全承诺、操作程序的参与和理解。

（6）鼓励交流和辩论，在所有避免事故的方法上达成一致意见。

（7）对反映出的问题给予解决，并取得与会者的支持。

（二）会议的优点

（1）时效性。能够及时传递相关质量和安全要求与监督信息。

（2）直观性。相关人员面对面，与会者亲临其境。

（3）沟通性。当面交流情况，交换意见，有利于达成共识，统一步调，提高工作效率。

（4）创造性。集思广益，充分调动和发挥与会者的创造性思维和灵感。

（5）决策性。针对工作中存在的问题，可以共同形成会议决定或决议。

（三）遵循的原则

（1）应明确"开始"和"结束"时间。

（2）准时开会，并按时结束。

（3）准备会议议题，并为每个议题都安排好时间。

（4）明确主持人，决定与议题相关的与会人员。

（5）在会议上，应首先阐明议题的目的。

（6）会议要强调当前的重点工作与任务。

（7）适当地安排会间休息，并提供一些社交机会，以方便与会者更好地沟通。

（8）在讨论议题时，用提问的方法鼓励所有与会者参与。

（9）应保留会议记录和会议纪要，以下次跟踪会议决定落实情况时使用。

（10）会议应决定行动内容，并反馈给所有会议决定的有关人员。

（四）会议的议程

（1）重提上次会议提出的问题和决定，回顾以往的问题解决情况。

（2）回顾以往事故事件，找出管理原因，确定正面改进措施。

（3）至少每月讨论一个质量和安全专题，必要时召集专题会。

（4）指出需要人员培训的建议，并取得支持。

（5）听取他人观点、尊重他人意见、接受必要的批评。

会议可以在会议室、餐厅，大多也可在工作现场进行，会议地点最好适于信息沟通，以确保达到会议目的。会议主持人要安排相关人员记录会议的内容，以便对任何建议、意见和经验进行跟踪和落实。

三、监督报告与档案

在监督工作期间，监督人员应定期向监督机构提交现场监督工作报告，主要包括：监督对象、监督场所、监督时间、监督方式、查出的问题、整改意见、整改时间、反馈时间、问题整改验证，以及下一步工作安排等。监督工作报告按时间周期和频次，通常可分为监督工作周/月报、监督工作快报、监督工作通报和监督工作总结等。

（一）监督工作周/月报

监督人员每周或每月应向监督管理机构递交监督周报或月报。内容包括但不限于：

（1）工程项目阶段进度概述。

（2）每周或当月主要安全生产活动情况。

（3）上周或上月违章、事件、问题和隐患的跟踪验证。

（4）本周或本月发现的违章、事件、问题和隐患。

（5）本周或本月监督工作小结。

（二）监督工作快报

监督人员遇有紧急情况或发生重大事故时，应立即向监督机构递交监督快报。快报内容包括但不限于：

（1）快报事项描述，以及初步原因分析。

（2）已经临时采取处置措施。

（3）建议进一步处置措施。

（4）请示下一步的处置意见。

（三）监督工作通报

监督人员应定期与被监督单位进行监督工作通报，紧急情况应随机通报，以沟通现场情况、通报发现的问题，表达监督意见、提出整改要求。

1. 定期通报

定期通报内容包括但不限于：

（1）对本阶段 QHSE 工作评价。

（2）现场工作需改进的领域。

（3）本期监督工作情况，以及上期问题整改情况。

2. 随机通报

随机通报内容包括但不限于：

（1）新出现情况和识别的风险。

（2）违章指挥与违章作业行为。

（3）处置意见和整改要求。

（四）监督工作总结

在监督工作结束后，向被监督单位和监督机构提交监督总结报告，监督总结报告按总结内容可分为年度总结报告和项目总结报告。

1. 项目总结报告

监督人员在项目结束时，应向被监督单位和监督机构递交项目监督报告，报告内容包括但不限于：

（1）工程项目情况描述。

（2）目标完成情况和取得业绩。

（3）项目工作计划的运行及实施。

（4）项目质量和安全管理评述。

（5）监督工作经验教训和改进建议。

2. 月度监督报告

每月监督项目部组织各专业监督工程师对本月监督工作进行总结，监督月报由监督机构技术负责人审核，机构负责人批准。编制监督月报，包括如下内容：

（1）工程项目基本概况。

（2）本月监督重点工作。

（3）问题统计、分析情况。

（4）问题整改情况。

（5）典型问题处理情况。

（6）各责任主体行为质量及实体质量评价。

（7）下步工作安排。

3. 年度总结报告

每年年末各类监督人员和监督机构应对全年的 QHSE 监督工作进行系统的总结回顾，针对存在的问题，提出相应的改进建议。包括如下内容：

（1）全年监督工作的概述。

（2）全年任务目标完成情况评价。

（3）全年监督发现问题和数据的统计、分析、对比等。

（4）提出改进被监督单位质量和安全管理工作的意见和建议。

（5）对改进自身监督工作的想法。

4. 监督档案

监督工作结束后，监督机构应当组织对监督工作计划、方案、工作报告、问题和隐患清单、问题处理措施等相关资料进行编目、组卷，整理成监督档案，存档可采取纸质或电子文档等多种方式，并至少保留三年。监督档案主要包括：

（1）监督方案和计划。

（2）监督记录。

（3）监督月报。

（4）警示通报。

（5）安全隐患整改督办单。

（6）各问题处理/处罚通知书。

（7）停/复工通知单。

（8）验收监督记录。

（9）问题整改情况报告书。

（10）事故报告书。

（11）问题和隐患统计表。

（12）停止作业记录表。

（13）其他相关资料。

第五节　井工程 QHSE 监督技巧

监督人员应当认真履行工作职责，严格遵守监督行为准则，按审批后的监督方案或计划开展工作，对发现问题和隐患的整改情况应当跟踪验证。现场监督的大部分日常工作就是对作业现场的人、物、管理，以及环境等情况实时监督和日常检查，并以监督日志的形式记录下来，据此对发现的隐患做出提示，并督促制订防范措施。

一、监督的方法

现场监督的基本做法是，按事先编制检查表，对照进行现场设备设施、作业活动进行检查，与管理人员和作业人员进行沟通，具体可采用的监督方法包括：

（1）观察法：有针对性地观察某些要害部位情况、重点设备运转、关键作业控制、人员作业活动、周围作业环境、劳保用品佩戴、安全附件完整、公告标识齐全等。

（2）询问法：了解作业人员安全技能知识和现场风险管控情况，了解作业人员对现场安全管理的意见和建议，了解各类管理制度的完善与适应程度，了解作业人员对施工方案（作业计划书）、作业指导书的熟悉程度，了解岗位职责的落实情况等。

（3）核查法：针对作业现场的关键环节或根据现场发现的线索进行追溯，确定要进行现场核查的人员、物资、设备、工器具、文件、记录等，如核查应急物资和账物相符情况。

（4）抽检法：包括采取抽样检查、定量监测、定性监测、数据分析等手段来获取相关信息和证据。如质量抽检、硫化氢定量监测，员工的意识和食堂卫生的定性监测，并针对上报事件和隐患进行统计分析和定量监测数据的分析等。

针对现场监督过程中发现的违章和隐患等问题，可以通过现场沟通与交流、发布提示和公告、召开或参加会议、签发通知单和指令等多种方式进行信息沟通与反馈。

二、监督的技巧

监督人员为能更好地履行监督职责，在日常的监督管理工作中，应注意采取正确的工作方法和技巧，以便更好地开展监督工作：

（一）主动参加各项活动

（1）主动参加被监督单位会议，包括领导小组会议、全员会议、班组会议、现场会议、班前/班后会等。

（2）以教师或学员身份参加培训，包括被监督单位的各类质量安全环保意识、安全技术，法律、法规、标准、制度宣贯等。

（3）以观察员角色主动参加应急演练，可以更好地发现被监督单位在应急准备与响应、预案和管理方面存在的问题和不足,提出针对性的改进意见。

(4)以审核员或观察员的方式参加体系审核,可亲身参加被监督单位体系审核工作的准备、计划、组织和实施,可以更多地发现和关注被监督单位QHSE管理上的问题,以及问题的后续改进和验证情况。

(5)积极倡导、参加和支持各类文化活动,包括质量月、安全月、安康杯、知识竞赛,各类技能竞赛、技能比武,通过各种文化活动,提高被监督单位全员的QHSE意识和技能。

(二)熟悉情况便于突出重点

监督人员应尽早、尽可能多地了解被监督单位或项目的基本情况,抓住监督关键点,对工程项目关键工序或特殊作业,存在重要风险的部位或步骤等进行重点监督。基本情况包括:

(1)工程项目相关情况。
(2)建设单位、属地单位(甲方)的要求。
(3)项目组、施工单位(承包商)相应组织机构及人员构成。
(4)项目施工方案、作业计划书、作业指导书。
(5)作业的主要工序、流程和安全风险、要害部位。
(6)相关政策、法规、标准、制度要求。
(7)被监督单位员工整体素质和质量与安全管理上的主要短板。

在了解情况的基础上,建立项目工序关键点的定期监督,制订关键点监督方案,建立工程项目和工序关键点统计表,确定关键点的监督周期,做好关键点监督记录。

(三)注重沟通的方式方法

监督人员与作业人员沟通时应该采用"南风法则",在监督工作中,有时谦逊温暖的态度收到效果,会远胜过严厉冷酷的批评和处罚。监督工作要"以人为本、注重方法、因人而异、讲究实效",不能以罚代管、以批代管,更不能放手不管。

(1)创造融洽的氛围,搞好监督工作的关键。
(2)具备协作的精神,做好监督工作的基础。
(3)采取平等的态度,做好监督工作的保证。
(4)追求共同的目的,做好监督工作的初衷。

关于南风法则寓言:北风和南风比威力,看谁能把行人身上的大衣吹掉。北风呼啸凛冽,结果令行人把大衣裹得更紧了;而南风徐徐吹动,令人感觉春意融融,慢慢解开纽扣,继而脱掉大衣。

三、注意的问题

监督过程中的大多数场合,需要与现场作业人员和管理人员进行沟通和讨论,应坚

持以下几点:

(1) 首先应保证你陈述的问题事实确凿。

(2) 摆问题,切中主题,用逻辑性、准确性强的叙述,避免歧义。

(3) 用易理解的语言,给出例子、图示、文件依据等。

(4) 鼓励他们预见问题,诚实正直地待人。

(5) 如果自己不清楚或不知道,就应虚心请教,不应有任何顾虑。

(6) 如果自己内心清楚要确保问题得到旁人理解,只有必要时才强调和重复,尽量避免不必要的反复强调。

(7) 商量和请求,不是去命令别人去执行。

监督人员如寄希望于检查和强调一些特殊的问题或区域,例如:起重和吊运、受限空间作业,就要在计划阶段予以考虑。

四、心理因素

心理因素对作业人员的安全有着重要的影响。人们的思维、情绪和行为会直接影响他们在安全方面的决策和行动。以下是一些心理因素对安全的具体影响:

(一) 心理因素影响

1. 注意力和专注度

心理因素可以影响人们对安全问题的注意力和专注度。如果一个人心烦意乱或分心,他们可能会忽视安全警告、规定或注意事项,从而导致潜在的危险。

2. 知觉和判断

心理因素会影响人们对危险的感知和判断。有时人们可能会低估某些活动或环境的潜在风险,或者过度自信地认为自己可以控制风险,从而导致忽视安全措施。

3. 决策和行为

人们的情绪状态和心理健康状况会影响他们的决策和行为,进而影响安全。例如,情绪低落或焦虑的人可能会采取冲动的行为,而不考虑安全后果。

4. 社会影响

心理因素还包括社会因素,如群体压力和同伴影响。如果一个人感到被群体排斥或受到同伴的影响,他们可能会违反安全规定或从事危险行为。

5. 心理态度

作业人员个人的安全态度和信念也是心理因素的一部分。如果一个人对安全持有漠不关心或懒散的态度,他们可能会忽视安全措施,增加自身和他人的风险。

监督人员要提高作业人员的质量安全意识和行为,需要在实际工作中考虑这些心理因素的影响，并采取相应的措施。这可能包括提供各类教育、培训、交底和风险提示，以增加作业人员对安全的认知和知识，鼓励大家积极采取安全行为。

（二）消极心理因素

监督人员应充分了解导致作业人员可能出现各类违章行为的消极心理因素，在实际工作中尽可能减少和避免产生这类心理因素的客观条件，影响安全的心理因素大体可分为下列几种：

1. 侥幸心理

作业人员总是心存侥幸，认为一次简单的违章不一定会发生事故，发生事故都是小概率事件，也不会发生在自己身上，碰运气；自信心很强，相信自己有能力避免事故发生，别人也不一定能发现。

2. 冒险心理

过度盲目自信的人可能会低估潜在风险，并采取冒险行为。争强好胜，喜欢逞能；私下爱与人打赌；有违章行为而没造成事故的经历；企图挽回某种影响等；把冒险当作英雄行为。认为自己具备足够的能力和知识来应对风险，从而忽视必要的安全措施。这种心理尤以青年职工为盛，应引起特别注意。

3. 麻痹心理

粗心大意和马虎行为可能导致安全漏洞和事故，包括对细节的不注意，以及对实际风险的低估。由于是经常干的工作，所以习以为常，并不感到有什么危险；没注意反常现象，照常操作；责任心不强，得过且过。沿用习惯的方式作业，凭"老经验"行事，放松对危险的警惕。

4. 走捷径心理

把安全措施、安全设备当作实现目标的障碍。贪便宜、走捷径的是长期生活中养成的一种心理习惯，可能会为了追求效率或方便性而忽视安全措施。如为了图凉爽不戴安全帽，为了省时间而擅闯危险区等。

5. 逆反心理

不接受正确的、善意的规劝和批评，坚持其错误行为。逆反心理是思想偏见、对抗情绪的作用下，产生的一种反常态的不良行为。可能会忽视安全警告、规定或注意事项，将安全问题视为无关紧要或不值得关注。

6. 从众心理

个人的行为受到环境和同伴的影响，如果周围的人不重视安全，一个人可能会受到群体压力而违反安全规定。这是人们在适应群体生活中产生的一种反映，不从众则感到有一种精神压力。由于从众心理，不安全行为或行动很容易被他人仿效，因此如果有些人不遵守安全操作规程并未发生事故，那么同班组的其他人也就跟着不按规程操作，否则就有可能被别人说技术不行或胆小鬼。

7. 自私心理

这种心理与人的品德、责任感、修养、法制观念有关。以自我为核心，只要我方便而不顾他人、不顾后果。有些人可能只关注眼前的利益或目标，而忽视行为可能带来的潜在危险后果。

8. 凑兴心理

人在社会群体生活中产生的一种人际关系的反映，从凑兴中获得满足和温暖，给予同伴友爱和力量，通过凑兴行为发泄剩余精力。它有增进人们团结的积极作用，也常导致一些无节制的不理智行为。

这些心理因素在不同的情境和个体中可能会有所不同，但它们都有可能对安全产生负面影响。了解和认识这些心理因素，可以帮助监督人员更好地识别和应对安全风险。

（三）积极心理因素

积极的心理因素包括对安全问题的高度意识和关注。这意味着人们能够注意到潜在的安全风险，并理解它们的重要性。根据有经验的监督人员的总结，认为积极的心理因素对促进作业人员高效安全作业是有利的，监督人员在工作实践中，可以尝试着加以利用，可以促进安全行为和提高安全意识，以下是一些常见的积极心理因素：

1. 安全感

按马斯洛需求层次理论，安全感是人的最基本的需求，即害怕被伤害，这是个人心理特征中最强烈且较普遍的一种特性。安全需求是对人身安全和生活稳定性的期望。监督人员可以采取安全经验分享的方式，多宣传一些质量与安全典型事故案例，就能增加作业人员的质量意识和安全生产的自觉性。

2. 人道感

"立人之道，曰仁与义"，人道主义是人类广泛具有的本质。要让自己的思想和行为都建立在仁爱和道德正义的基础上，这是一种高尚的行为标准，可以帮助人们实现内心的平和和社会的和谐。即希望为他人服务，甚至舍己为人。人道主义表现在事故前的预防，事故中的抢救，事故后的关怀。

3. 荣誉感

荣誉感也称名誉心理，一种追求光荣名誉的情感和求荣誉的愿望。这是由个人自尊心、名誉感、光荣感、好胜心、自我感、集体主义情感组成的一种复杂的道德情操。在社会生活中，人们总是愿意自己及所处的团体比别人与别的团体更先进优秀，能受到众人的称赞、奖励等。荣誉感，包括个人和集体荣誉感，是希望与人合作，是使人积极向上，建立业绩的强大动力。可以多采取正向激励的方式，调动有荣誉感作业人员及团队的合作和互助意识，以及安全生产的积极性，以确保整个团队的安全。

4. 责任感

责任感是一种内在的自我要求，是一种对自己和他人的承诺和义务感；责任感是一种内在的自我意识，是人们对自己和他人的安全负有责任的意识和承担。具有较强责任感的人更有可能积极参与安全行为，并采取必要的措施来防范潜在风险。大多数人不论对自己或他人都有某种程度的责任感，相信自己具备应对潜在风险的能力。通过增加有责任感的人在安全工作中所负的责任，或以指派某种工作的方法激发其兴趣。

5. 自尊心

自尊心是尊重自己，维护自己的人格尊严，不容许别人侮辱和歧视的心理状态，它是于后天环境中逐渐形成的心理。每个人都有自尊心，即希望得到自我满足与受到别人的赞赏和尊重。表扬先进乃是引起自尊心的一种有力刺激，有自尊心的人，在交给其部分管理责任时，往往会有特别的表现。

6. 竞争性

竞争性是指个人与其他人一起活动时，想超过他人的一种心理状态。可以说通过竞争想超过别人是人的一种本能。可以说正常的人都或多或少有竞争心理，只有和别人比较时才表现出来。即人希望与人竞争，在有人与其竞争时，往往比单独工作时有干劲。在与人比较时，他的兴趣在于证明自己的优越性。对有这种特性的人，可多提供其安全竞赛的机会，设置安全里程碑等。

7. 从众性

从众心理指个人受到外界人群行为的影响，而在自己的知觉、判断、认识上表现出符合于多数人的行为方式。即个体在群体的影响或压力下，放弃自己的意见或违背自己的观点使自己的言论、行为保持与群体一致的现象，即通常所说的"随大流"，害怕被人认为与众不同。能否使具有这种特征的人遵守安全规程取决于集体的安全行为，因此，应着力培养群体的安全作风和安全习惯。

这些监督工作实践中常遇到的心理因素可以通过教育、培训和鼓励来促进，监督人员在现场监督、会上发言，会下谈心或指派工作时，可以根据个人的实际情况，通过正面引导积极利用。

第四章 井工程质量监督要点

第一节 管理质量监督要点

一、钻井工程管理质量监督要点

钻井工程管理质量监督要点见表 4-1。

表 4-1 钻井工程管理质量监督要点

序号	检查项	主要检查内容
1	队伍资质	施工队伍（含钻井、录井、测井、固井等专业队伍）取得有效的施工作业资质，且所取得资质符合施工范围内容
		钻井队持有股份公司核发的勘探与生产工程技术服务市场准入证
2	质量体系	施工队伍制订质量管理体系文件并有效实施
		施工队伍制订作业指导书、作业计划书并有效实施
		施工队伍制订现场检查表并有效实施、真实填报
3	人员资格	队伍人员数量、特殊作业人员数量符合施工队伍要求
		应持证人员是否持有有效的井控培训合格证、H_2S 防护培训合格证、HSE 培训合格证
		施工队伍依据合同规定配备人员，建立人员管理档案
		严禁无资质、超资质人员从事无损检测和井筒检测工作
4	设计方案	施工现场应有审批完成的钻井地质、钻井工程等设计
		设计变更，因地质因素或工程原因，需要对钻井工程设计进行重大更改时，是否执行变更程序
		施工队伍应编制钻井、固井、钻井液、测井、录井等专业施工方案并审批合格
5	资料填报	钻井队伍的设备设施台账及设备履历本齐全；各类压力表、安全阀、仪器和工具应建立管理台账，且账实一致
		钻井液施工队伍的设备、仪器和工具的检测、标定、校验及检定周期等符合相关标准规范
		施工过程日报表及相关记录等资料按照标准规范进行填写，填报数据及时且真实有效
		钻进过程资料：钻头、钻柱组合数据、钻进参数、单点测斜、钻井工作内容、各次开钻时间、井下事故或复杂情况、下井特殊工具、取心井资料、定向井资料、地层压力试验数据、地质分层数据、井筒注水泥等数据填报齐全

续表

序号	检查项	主要检查内容
5	资料填报	钻井液资料：取样时间、井深、地层及岩性、钻井液类型、密度、黏度、氯根含量、失水、摩阻系数、泥饼厚度、出口温度、旋转黏度计读数、塑性黏度、静切力、动切力、动塑比、含砂量、pH值、电阻率、油水比、破乳电压等资料填报齐全
		井控资料：司钻控制台、远程控制台、防喷器、压井管汇与节流管汇的型号、厂家准确登记；试压时间、试压方式、试压人、试压结果准确记录
		地层测试资料：测试队号、类型、日期、测试层段、压井液性能、工具下井数据、地面数据等资料填报准确
		测井资料：测井单位、测井系列、测井时间、井深、井径数据、测斜数据、测井复杂情况及处理等资料填报准确
		固井工程资料：通井划眼、下套管、循环、固井设计、水泥浆性能试验数据、冲洗液隔离液类型及用量、水泥量、后置液类型及用量、替钻井液、套管试压等资料填报准确

二、井下作业（试油压裂）工程管理质量监督要点

井下作业（试油压裂）工程管理质量监督要点见表 4-2。

表 4-2　井下作业（试油压裂）工程管理质量监督要点

序号	检查项	主要检查内容
1	队伍资质	施工队伍取得有效的施工作业资质，且所取得资质符合施工范围内容
		施工队伍获得中国石油集团各油田公司准入资质
2	质量体系	施工队伍制订质量管理体系文件并有效实施
		施工队伍制订作业指导书、作业计划书并有效实施
		施工队伍制订现场检查表并有效实施、真实填报
3	人员资格	队伍人员数量、特殊作业人员数量符合施工队伍要求
		关键岗位人员持有有效的井控培训证、H_2S 防护培训证
		特殊作业人员（如吊装、井架）持有特种作业上岗证
		关键岗位人员（如队长、技术员等）变更进行能力评估及确认，变更程序合规
4	设计方案	施工作业有正式版地质、工程、施工等设计文件
		正式版地质、工程、施工等设计文件在有效期内
		施工设计有详细的施工步骤和相应的技术要求
5	资料填报	施工队伍的设备、仪器和工具应建立管理台账，且账实一致
		施工队伍的设备、仪器和工具应建立检修保养台账，且真实记录检修情况
		施工队伍的设备、仪器和工具的检测、标定、校验及检定周期等符合相关标准规范
		施工班报表及相关记录等资料按照标准规范进行填写，填报数据及时且真实有效

第二节 过程质量监督要点

一、钻井工程过程质量监督要点

钻井工程过程质量监督要点见表 4-3。

表 4-3 钻井工程过程质量监督要点

序号	检查项	主要检查内容
1	设备设施	核实井架和底座的承载能力不低于设计载荷的 85%
		井架出厂年限达到第八年进行第一次检测评定；评为 A 级和 B 级且使用年限超过 12 年的井架每两年检测评定一次；评为 C 级的井架每年检测评定一次
		发生但不限于下列情况，应检测评定井架：井架主要承载件在使用过程中出现开裂、弯曲、变形等现象，经修复后的；井架摔落、顶天车等事故、改装和大修、遭受火灾、硫化氢等重大灾害的
		评估报告应包括：测点布置图及记录和测试结果；数据分析结果；井架承载能力的评价；检测评定原始记录或复印件
		检查井架及钻井主要设备（钻机、防喷器、钻井泵、固控设备等）性能符合设计要求
		检查所有设备是否按规定的位置摆放，并按规定的程序安装，做到"平、稳、正、全、牢"，不漏油、水、气、电和钻井液
		动力系统、传动系统、提升系统、循环系统等安装完成后，试运转正常，并有记录
		天车、井口、转盘三者的中心线应在一条垂线上，最大偏差不应大于 10mm
		设备部件、附件、安全装置、护罩应齐全、完好，不得缺损、变形，且固定牢靠
		设备运转部位转动灵活，不旷不卡；各种阀件灵活可靠，安全保险；油气水路畅通，不渗不漏
		所有紧固件、连接件应紧固牢靠，销子应有锁紧保险装置；紧固件螺纹外露部分要抹润滑脂
		钻井泵前后水平度允差（阀箱顶平面）≤3.0mm
		钻井泵左右水平度允差（皮带轮）≤2.0mm
		钻井泵与联动机（皮带轮）偏差≤3.0mm，水平度≤2.0mm
		钻井泵空气包预充压缩空气或氮气，充压值为工程设计泵压的 1/3～1/4，最大充气压力为 4.5MPa
		钻井泵上水管有过滤装置
		固控设备配置应满足设计要求

续表

序号	检查项	主要检查内容
2	钻具及工具	根据钻井设计书，准备好各类工具、仪器、器材，其规格应符合规定要求
		准备好各种符合标准的井口工具，配齐设计中所涉及工具的打捞工具
		现场检查好钻具，井场钻具应摆放在管架台上，所有钻具应按规格、种类、钢级、级别分类摆放，禁止钻具混杂，防止不合格钻具入井
		钻井队需建立钻具及工具档案，内容包括入井时间、出井时间、纯钻时间，入井后处理复杂情况或钻井事故时间，钻具、工具检验（检测）报告
		吊卡活门应开关灵活，锁紧机构应安全可靠。吊卡、卡瓦主体不应存在明显变形、损失缺陷
		吊卡需有检验（检测）报告
		配齐施工中的易损件（常用易损件现场配备，其他配件基地配备，保证规定时间内送达现场）
		不落地装置应安装、调试合格，具备处理能力，还需检查设备及人员资质
		钻杆采取分级管理或分级成套管理。钻杆分级标记可使用距外螺纹接头锥面约0.5m的油漆环：新钻杆——无；一级钻杆——2条白色；二级钻杆——1条黄色；三级钻杆——1条橘色；报废钻杆——1条红色
		到场打捞工具、配合接头、钻头、扶正器、提升短节有合格证及探伤报告
		工具钻头外表、内部清洗干净，螺纹涂上防锈脂
		经过顿钻、卡钻处理后的钻具现场重新探伤或更换
		钻具到井后，应核对其规格、数量与钢级，不符合设计不得下井
		钻杆螺纹紧扣不应咬在管体上，不应高速挡紧扣
		钻具下钻台应卸成单根，将工具卸掉；严禁钻具水眼内残存钻井液
		错扣起钻应定期倒换，每次倒换数量不应低于全井同规格钻具长度25%
		吊环、吊卡应两年进行一次检查，并有资质单位出具的检测报告
		钻具组合是否按设计要求加放扶正器、定向接头、钻具止回阀、随钻震击器
		螺杆钻具使用条件：钻井液含沙量小于1%；使用的钻具内孔无堵塞物，使用时应安装钻井液滤清装置
		螺杆钻具下井前检查：传动轴应转动灵活，两端螺纹完好；轴向间隙推荐值符合厂家说明书；旁通阀畅通，试运转应闭合、开启灵活
		建立螺杆钻具使用、维修档案，真实记录易损部件使用时间，使用时间不能超过使用寿命时间
		定向施工前按设计配齐的专用工具、仪器，定向井测量仪器测量与检测是否符合规范，测斜器是否有合格证，并在有效期内，校准证书是否齐备

续表

序号	检查项	主要检查内容
2	钻具及工具	测量工作条件：钻井液气相含量控制在5%以内；空气包压力为立管压力的30%～40%；钻井液不可添加磁性材料
		套管开窗作业时，在出口槽放置磁铁
		测量仪器的抗温和抗压参数性能满足井下情况，处理井下复杂情况时不应带测量仪器
		供电电源稳定，井底液柱压力、静止温度、钻具转速、循环排量在仪器允许范围内
		测量仪器双配；组装后进行地面测试，确定井下传感器位置参数并录入计算机；LWD形成可信度测试报告
3	井身质量	井身轨迹不应有连续三点全角变化率大于设计值
		全角变化率超过设计值的点数占全井段总点数比例不大于10%
		定向井造斜段全角变化率不超过6.5°/30m，水平井造斜段全角变化率不超过7.5°/30m（特殊区块的定向井和水平井造斜段可以依据区块地质要求，设计超过上述数值的最大全角变化率）
		定向井、水平井稳斜段全角变化率不超过3°/30m，水平井水平段全角变化率不超过3°/30m（需要追踪储层调整井眼轨迹的井执行地质工程设计，以地质书面设计或现场作业指令为准）
		定向井实钻井身轨迹不出靶区
		生产套管裸眼井段平均井径扩大率不大于20%、目的层平均井径扩大率不大于15%（探井、评价井的井径扩大率不考核；高压、酸性天然气各开井段平均井径扩大率不大于15%，目的层段平均井径扩大率不大于10%；储气库井各开井段平均井径扩大率不大于15%；热采井目的层井径扩大率不大于10%；页岩气井目的层井径扩大率不大于20%；特殊地层易坍塌井目的层井径扩大率不大于25%）
		严禁未经刻度（校准）或刻度不合格的专用测量仪器入井
		井斜数据采集符合标准规范及设计
		检查井眼轨迹测量仪器及其标定结果、测量精度符合设计标准规范要求
		检查下部钻具组合符合设计标准规范要求
		井斜、全角变化率、目的层井径扩大率、井口倾斜角符合标准规范及设计要求
		直井井斜角、水平位移符合标准规范及设计要求
		定向井靶区半径、最大井斜角符合标准规范及工程、地质设计要求
		水平井水平段纵横偏移、着陆点位置符合标准规范及设计要求
		防碰井段施工符合标准规范及设计要求
		井身质量控制要求发生变更时，检查变更程序符合标准规范要求
		直井钻进过程中，井斜数据采集间隔不应大于300m；完钻后宜进行一次井斜、方位、井深的连续测量，数据采集间隔不宜大于30m

续表

序号	检查项	主要检查内容
3	井身质量	直井、定向井、水平井井口倾斜角均不宜大于0.5°
		定向井井斜数据采集间隔：直井段不应大于300m，稳斜井段不应大于100m，造斜井段不应大于30m
		水平井井斜数据采集间隔：直井段不应大于300m，稳斜井段和造斜井段不应大于30m
		水平井着陆点应在水平段起始点前后各30m范围内
		水平井水平段全角变化率应满足钻完井管柱的下入要求。有特殊要求的井应按设计或油气藏地质导向要求执行
		下井测量仪器应有仪器校准合格证，且应在有效期范围内使用
		井斜角、井斜方位角测量单位为度（°），保留两位小数
		轨迹数据测量间距不大于30m，最后一个测点距井底不大于30m。其中，短曲率半径水平井斜井段测量间距不大于2m
		定向井、水平井轨迹测量应采用随钻测斜仪或电子多点测斜仪；有磁干扰情况下，应采用陀螺仪器测量
		轨迹测量使用的无磁钻具长度和安放位置、测量仪器在无磁钻具中的安放位置，应符合标准规定
		应用垂直钻井、旋转导向或磁导向等特殊控制系统的井，检查设备仪器精度应符合其质量标准要求
4	钻井液质量	严禁原材料和检测报告弄虚作假
		按照要求配齐钻井液技术人员、钻井液工等作业人员，现场钻井液作业人员应具有相应岗位资质
		配备配齐钻井液循环、净化与储备系统，检查并备齐各种配件
		配备钻井液实验室，实验室内配备试验台，药品柜等，其仪器、试剂满足标准要求
		钻井液材料及处理剂为中国石油集团或建设、施工单位入网产品，并有正式质量标准及产品合格证（新材料新技术应获得建设单位认可）
		在配置钻井液前，对作业现场配置钻井液用水进行取样检测分析，以确定是否需要预处理，并进行钻井液小型配制实验
		现场使用的钻井液材料和处理剂具有产品使用说明书、安全技术说明书和质量检验合格报告等技术文件
		钻井液材料和处理剂分类摆放，标识清楚；对人有害的处理剂做特别标识，采取特别保护；各类处理剂依据材料特性和现场施工区域的气候特点相应采取"防雨、防潮、防晒、防冻、保质"等措施
		建立钻井液材料和处理剂消耗与库存记录，并建立信息档案
		钻井液日报表的填写按标准或建设方规定的格式填报

续表

序号	检查项	主要检查内容
4	钻井液质量	加重材料按照钻井设计、井控细则准备
		钻井液配制工艺对钻井液配制方法、加料顺序、搅拌时间和预水化时间等进行说明
		详述钻井液维护要点和注意事项；说明在进行特殊钻井液工艺操作过程中需采取的各项流程及操作步骤
		针对储层特性，提出相应保护要求与措施
		根据施工中可能存在的故障和施工难点，制订相应的预防和处理措施
		钻井液测量仪器按规定定期检验，并建立测量仪器检验校核档案；校验不合格的仪器严禁使用
		根据现场检测需要，配备必要的化学分析试剂。化学分析试剂应在有效期内；危化品试剂应单独储存、专人管理，并建立档案
		现场试验室的仪器设备和化学试剂的配置满足现场试验室的仪器设备基本配置要求
		现场应对钻井液材料存放、搬运和使用有相关规定
		现场应对井控风险较大的井，制订详细的应急处理方案
		现场应对新应用的钻井液体系、材料工艺进行讨论分析
		钻井液设计应由设计人、审核人、批准人签字并加盖项目建设单位公章
		需更换、修改或补充钻井液设计时应按照设计编制、审批程序进行变更
		密度计表面光洁，不得有剥落、碰伤及划痕；紧固件不得有松动、损伤
		钻井液密度每小时测量一次；表观黏度、塑性黏度、动切力、静切力、流性指数、稠度系数每 8h 测量一次；API 失水、泥饼厚度、含砂量每 8h 记录一次；固控设备使用情况、钻井液处理情况每次交班各记录一次
		钻井液密度、黏度、失水、泥饼、pH 值、摩阻系数、切力、固相含量、膨润土含量等钻井液性能按钻井设计要求检测并符合设计性能要求
		钻进时按照工程设计监测、维护性能指标，并按照要求填写钻井液班报表，特殊作业时，根据要求加密监测
		按照钻井液设计使用钻井液材料及处理剂
		钻井液性能变更履行变更程序
		执行油气层保护设计要求，处理剂的添加不得影响录井
		钻井液日报表内容符合标准要求
		钻井液日报表由现场当班钻井液工程师（技术员）填写并签字，由工程监督或钻井工程师审核并签字确认
		签字确认后的报表应在钻井现场留存一份

续表

序号	检查项	主要检查内容
4	钻井液质量	使用采集来的所有信息和数据应征得信息和数据提供单位或人员的认可
		现场钻井液人员按照实际情况填写钻井液配方、配制量及维护处理过程等资料
		含硫化氢地层的钻井液密度应符合标准要求,其安全附加密度在规定的范围内应取上限值
		含硫化氢的地层钻进钻井液的 pH 值控制在 9.5~11;高含硫化氢地层钻进 pH 值控制在 10~11;若用铝制钻具时,pH 值控制在 9.5~10.5
		钻开含硫化氢地层前的准备:应储备井筒容积 0.5~2 倍、密度值大于在用钻井液密度 0.1g/cm³ 以上的钻井液,且 pH 值控制在 10.0 以上,储备满足需要的钻井液加重材料和足够的除硫剂
		钻井液液气分离器安装符合标准规定,并保持设备性能良好、正常运转
		钻开含硫化氢地层前,钻井液技术负责人应制订出预防硫化氢污染钻井液的技术措施,确认钻井液材料储备、钻井液储备、检测仪器、除气设备及安全防护设备的准备情况
		检查钻井液材料的储备种类符合钻井工程设计要求
		检查加重钻井液和加重材料的储备符合钻井工程设计要求
		钻井液实验仪器与试剂的配置应符合 GB/T 16783《石油天然气工业 钻井液现场测试》的要求
		现场钻井液实验仪器基本配置符合标准要求
		采用盐水钻井液钻进或在含盐地层钻进时,每 24h 检测一次钻井液滤液氯、钙、钾离子浓度
		地层温度高于 100℃时,每 24h 测定一次高温高压滤失量,测定温度根据井底实际温度确定
		钻井液密度计应标明:名称及型号、分度值、制造厂名、制造编号、制造年、月等
		钻井液杯、杯盖、杠杆和底座应有统一的出厂编号
		密度计表面应光洁,不得有剥落、碰伤及划痕
		密度计杠杆上的刻度应清晰,刻线垂直于杠杆,间隔应均匀,分度值为 0.01g/cm³
		密度计紧固件不得有松动、损伤
		密度计刀口和刀承应光洁,不得有毛刺、裂纹和显见的砂眼
5	钻井复杂事故预防与处理	钻井工程施工设计书应提示邻井井身结构、井口坐标、地面海拔、钻机补心高、井眼轨迹和防碰扫描的数据和图表,并做出防碰施工提示
		防碰井段施工应使用牙轮钻头
		防碰井段施工应在钻井液槽放置磁铁,钻井方应安排专人坐岗观察返出物情况
		防碰井段施工应进行岩屑录井,每 1m 捞砂一次,并保留对比水泥含量

续表

序号	检查项	主要检查内容
5	钻井复杂事故预防与处理	防碰井段施工起钻时应投测多点测量仪。测读数据时，须查看磁参数是否正常；有磁干扰的井段，应改用陀螺测斜仪重新测斜
		防碰井段测点间距不大于10m，每测一点都要做防碰扫描，并实时绘制防碰扫描图。扫描方法宜采用最近距离扫描法
		根据随钻防碰扫描计算结果，当分离系数小于或等于1.5时，重新修正井眼轨道设计，以满足防碰需求
		检查钻进过程，应按施工方案要求修整井壁
		检查钻具，在裸眼井段不得长时间静止
		检查井控装备，应按设计要求试压合格，井控保障措施应有效合理
		检查起钻前应进行短程起下钻测后效，油气上窜满足安全作业需要
		复杂事故处置制订相应的处置方案并经工程技术部门审批，由建设方组织进行安全技术交底
		现场应按照要求配备复杂事故处理工具
		事故复杂的分类判断、处理方法和工具的选择应合理
		检查是否按照要求安装安全接头、震击器等
		入井工具下井前，特殊工具应绘制草图并标注尺寸
		复杂事故处理过程中钻井工程资料录取翔实
		复杂事故处理过程中井内套管的保护措施应落实到位
		复杂事故处置结束，应编制复杂事故处置总结分析报告。报告应包括基本情况、处置过程、原因分析和责任划分等内容，处置过程应按照要求编入井史
		在储层段堵漏作业时，应征得建设方同意，宜选用可解堵的暂堵材料和堵漏方案
6	套管及附件验收	到场套管排列、编号、丈量、通径、洗扣、检查，套管钢级、壁厚、扣型及套管附件应符合钻井设计、固井设计要求
		到井套管应有检测报告，浮箍、浮鞋、胶塞、悬挂器、分级箍等相关固井附件、工具的合格证、型号、材质、机械参数，以及螺纹等性能应符合设计及标准规范要求
		应对水泥头进行全面检查、保养，其螺纹应与所连接套管、钻具的螺纹一致，所有阀门应做到开关灵活；水泥头的额定工作压力应达到设计要求
		应按标准要求对送井套管逐项进行检查
		下套管前应将套管附件及固井工具、下套管工具按固井施工设计要求规格与数量送井，现场检查、登记
		应按固井施工设计要求准备好套管螺纹密封脂等
		下套管前应完成固井工具和套管附件的检查、尺寸测量、草图绘制、连接及试压等工作

续表

序号	检查项	主要检查内容
6	套管及附件验收	应对吊钳、吊卡等下套管工具及循环接头、灌浆管线等工具进行检查,满足施工需求
		编制排定入井管串表,应核实深度;管串排定后,应在套管接箍上标明入井编号,对要加扶正器的套管,在距外螺纹1m处注明扶正器和类型
		根据钻井设计及井下情况制订合理的管串结构,附件包括浮箍、浮鞋和扶正器等
		送井套管附件应符合设计要求,并有质量检查清单;与套管柱相连接的螺纹应进行合扣检查
		套管附件强度应不小于套管强度要求
		井斜大于45°的井段,宜安装弹簧式浮箍、浮鞋
		对于大斜度井,技术套管内斜井段或地层坚硬和井眼规则的裸眼井段宜安放滚子扶正器
		尾管固井和分级注水泥固井的套管串结构应使用双浮箍
		套管采用圆柱形通径规通内径,通径规前端倒角应光滑
		采用人工或机械方法逐根通径,通径规从接箍端面进入后能自由通过套管
		特殊螺纹在通试内径时,按厂家推荐的方法进行
		套管装卸前应用专用工具拧紧内外螺纹保护器
		用专用吊装带平稳吊装
		套管卸车时,不得直接从管架车上或车皮上滚下,应逐捆平稳吊卸,防止撞击地面。用人工卸套管时,要搭牢坡道,逐根一次卸下,控制套管下放速度,防止碰撞
		运输中选择合理的运输方式,避免过度磨损、碰伤和纵向疲劳裂纹等运输疲劳的发生;避免接触强酸强碱等腐蚀性物质
		应按套管头使用说明书、钻井操作规程要求正确安装和拆卸防磨套
		套管头上下本体的连接不允许使用螺纹损坏、螺杆变形的螺栓和螺母
7	井眼准备	下套管应按设计要求钻具组合进行通井作业,通井钻具组合的最大外径和刚度应不小于下入套管的外径和刚度;对阻卡井段、电测井径小于钻头名义尺寸的井段,采取划眼处理,保证套管下入
		通井到底时按钻进最大排量循环不少于两周,循环时所有入井钻井液都应过振动筛,做到无垮塌、无漏失、无沉砂、无油气水侵,钻井液进出口密度差不大于0.02g/cm³,含砂量小于3‰,起下钻无阻卡
		下套管前应对地层进行承压能力试验,应能满足安全下套管、固井施工预计压力要求,否则应进行堵漏作业;下套管前应对进行过堵漏作业的井充分循环,冲洗并清除钻井液中的堵漏剂
		通井时钻井液性能应合理,钻井液滤饼的摩阻系数应符合设计要求
		尾管固井应称重,并过胶塞通内径

续表

序号	检查项	主要检查内容
7	井眼准备	钻井口袋应满足设计及生产要求
		按照标准规范要求召开固协会、交底会、总结会
		高压油气井，下套管前应压稳，控制油气上窜速度应小于10m/h
		套管与井壁环空间隙不小于19mm，必要时应采取扩眼等相应措施
		对于易漏失的井，应先进行承压堵漏试验
		下套管前，钻井液API滤失量应小于5mL，滤饼厚度应小于0.5mm，对于深井超深井，高温高压滤失量应符合设计要求
		下套管前通井，应用大排量循环洗井两周以上，环空上返速度不宜低于1.2m/s，同时应转动钻具防黏卡
8	固井设计	固井设计审核审批、施工模拟、套管柱强度校核、三压稳均符合要求
		固井设计依据及基础资料翔实合理
		水泥浆设计中密度、稠化时间、水泥浆配方、抗压强度、滤失量等性能符合工程设计及标准规范要求
		固井作业水泥浆试验项目符合标准规范要求
		水泥返深、水泥浆量、前置液量、顶替液量等作业量设计符合工程设计及标准规范要求
		注替排量设计达到紊流或者塞流顶替
		井控预案、应急预案、QHSE预案翔实有效
		作业评价（包括候凝和测井、固井质量评价、套管试压等）符合工程设计标准规范要求
		套管承托环距离浮鞋的距离应根据井深和套管直径确定，应不小于20m
		密度应参考地层孔隙压力、地层破裂压力、地层漏失压力、地层承压能力试验值进行合理设计，一般应比同井使用的钻井液密度高 0.24g/cm³
		水泥浆稠化时间不小于施工时间和附加安全时间之和
		水泥浆配方：依据地层流体性质、地层岩性、井底温度、井底压力等确定外加剂、外掺料的类型和加量
		超低密度水泥浆用于封固产层时，24h抗压强度不低于7MPa，72h抗压强度应大于或等于14MPa
		固井候凝时间浅井不少于24h，深井不少于48h，超深井不少于72h，在原介质条件下测井，测井后进行套管内试压
9	下套管作业	下套管前资料准备符合标准规范要求
		下套管前落实井眼准备情况（包括完钻井深、井身质量、通井情况、地层承压等）
		下套管技术措施内容符合标准规范及厂家推荐做法

续表

序号	检查项	主要检查内容
9	下套管作业	下套管前应进行交底协调
		套管柱连接应符合标准规范要求
		套管附件与套管柱的连接符合设计及标准规范要求
		套管柱下放符合设计及标准规范要求
		下套管过程中有专人观察和记录钻井液返出情况,掏空深度符合回压装置、套管承载能力及灌满钻井液需要的时间
		下完套管前的开泵循环符合设计及标准规范要求
		下套管前按规定要求装好井口装置,防喷器应换装与套管尺寸相匹配的闸板芯子并试压合格
		吊卡、卡瓦(卡盘)规格尺寸应与所下套管一致
		吊套管上钻台时做好套管螺纹保护
		通径规、螺纹脂符合设计及标准规范
		下套管使用专用套管钳、扭矩记录仪,套管上扣扭矩符合设计及标准规范,气密封检测符合设计要求
		套管扶正器安放位置及数量应符合固井施工设计要求
		尾管悬挂下套管应使用标准通径规对尾管、接头、短钻杆、送入工具等管串逐根通径并编号
		套管回接时控制插入头下压吨位,防止悬挂器回接筒变形
		下套管作业中最大负荷应小于钻机井架的承载能力
		下套管工具应配备齐全,应有质量检验合格证,易损件应有备用
		对所用工具进行规格、尺寸、承载能力、工作表面磨损程度、液压套管钳扭矩表的精度及套管钳灵活性、安全可靠性等质量检查
		悬重超过1000kN、公称直径大于或等于244.5mm的套管,以及无接箍套管,下套管时宜采用气动套管卡盘下套管
		送井套管应符合钻井设计及套管柱设计要求,长度附加量不少于3%
		井场套管应整齐平放在管架上,码放高度不宜超过三层
		对扣前,螺纹应擦洗干净,并保持清洁
		在碰压座以上一根套管及以下全部套管和附件的螺纹表面,应清洗干净并擦干,涂抹套管螺纹锁紧密封脂,其余套管在螺纹表面均匀涂抹套管螺纹密封脂
		对扣时套管应扶正。开始旋合转动应慢,如发现错扣应卸开检查处理
		特殊螺纹套管连接办法以套管制造商推荐做法为依据

续表

序号	检查项	主要检查内容
9	下套管作业	下套管过程应记录套管实际旋合扭矩值或余扣值
		套管柱上提下放应平稳
		控制套管柱下放速度，主要以环空返速、地层承压等参数来确定
		装有非自灌浮箍（浮鞋），应按下套管技术措施和固井设计要求及时灌钻井液
		装有自灌浮箍（浮鞋），应定期检查灌浆情况，一旦发现自灌装置失效，立即按下套管技术措施和固井设计要求及时灌钻井液
		对于下漂浮接箍的井，中途不能循环钻井液，若井下异常需循环时，按漂浮接箍操作规程执行
		下套管过程中应缩短静止时间，如套管静止时间超过3min，应活动套管，套管活动距离应不小于套管柱伸缩量的两倍。上下活动时，上提负荷不能超过套管抗拉强度的70%
		下套管时应专人观察并记录井口钻井液返出情况，记录灌钻井液后悬重变化情况，如发现异常情况，应采取相应措施
		套管下完的深度达到设计要求，复查套管下井与未下井根数与送井套管总数是否相符
		下完套管灌满钻井液后方可开泵，观察泵压变化，排量由小到大，确认泵压无异常变化和井下无漏失后，将排量逐渐提高到固井设计要求
10	水泥浆性能	固井水泥、外加剂应合格，且在中国石油集团各油田公司准入内
		严禁性能指标不合格的固井水泥浆入井
		表套固井水泥浆性能符合设计及标准规范要求
		技套固井水泥浆性能符合设计及标准规范要求
		生产套（尾）管固井水泥浆性能符合设计及标准规范要求
		大斜度/水平井固井水泥浆性能符合设计及标准规范要求
		注水泥塞及挤水泥水泥浆性能符合设计及标准规范要求
		相容性性能要求符合设计及标准规范要求
		不同井别水泥石强度符合设计及标准规范要求
		根据标准规范要求现场取钻井液、配浆水等样品并进行水泥浆试验
		固井施工前水泥浆大样应复核，水泥浆试验结果符合设计要求
		配浆水配制后超过2d或出现异常时，应重新进行大样复查试验
		冲洗液与钻井液、隔离液及水泥浆有良好的相容性，相容试验应符合GB/T 19139的规定
		在井底循环温度下，控制隔离液剪切应力大于钻井液并小于水泥浆
		隔离液密度应大于钻井液密度而小于水泥浆密度

续表

序号	检查项	主要检查内容
10	水泥浆性能	隔离液与钻井液及水泥浆具有良好的相容性，相容试验应符合 GB/T 19139 的规定
		隔离液应具有良好的热稳定性，性能应符合标准要求
		隔离液对油基钻井液或含油钻井液中的油基成分应具有良好的润湿反转作用
11	注水泥作业	固井施工管线连接，按不小于预计最高施工压力的 1.2 倍对注水泥管线试压合格
		前置液性能、液量符合设计及标准规范要求，前置液紊流接触时间不少于 10min
		顶替液性能、数量符合设计及标准规范要求
		注水泥施工曲线应准确记录，水泥浆量和排量符合设计，水泥浆密度控制在设计密度 $\pm 0.02\text{g/cm}^3$ 范围内。替浆采用人工计量、仪表计量和泵冲计量，替浆量不超过固井施工设计最大值
		注水泥施工顶替方式及排量、碰压、放回水情况满足要求
		尾管固井按设计要求上提钻具循环
		施工记录填写真实，施工过程连续，水泥浆平均密度与设计密度误差不超过 $\pm 0.02\text{g/cm}^3$
		按设计及标准规范要求候凝，严格按设计控制憋入清水量，候凝时间符合设计要求
		固井水泥头及常规固井胶塞的参数，技术要求和试验方法应按标准规定执行
		注水泥装备的选用，应满足施工设计的压力、排量、密度要求
12	固井质量评价	固井水泥返高达到设计值，或低于设计值不大于 50m
		固井后套管柱试压合格，试压记录填写规范
		生产套管固井质量在油气水层段、尾管重合段、上层套管鞋处、上层套管分级箍处及其以上 25m 环空范围内，固井水泥一、二界面胶结质量达到连续胶结中等及以上
		全井固井水泥环一、二界面胶结质量中等以上井段长度达到封固井段长度的 70%
		采用注水泥后立即试压的套管柱试压值为套管抗内压强度值、浮箍正向试验强度值和套管螺纹承压状态下剩余连接强度最小值三者中最低值的 55%，稳压 10min，无压降为合格
		采用固井质量评价后试压的套管柱，套管直径（ϕ）小于或等于 244.5mm 的套管柱试压值为 20MPa，套管直径（ϕ）大于 244.5mm 的套管柱试压值为 10MPa，稳压 30min，压降小于或等于 0.5MPa 为合格
		表层套管和技术套管柱试压由钻井队工程技术人员组织试压，填写好试压记录，并在试压记录上签字，并纳入井史；生产套管柱试压由钻井队工程技术人员组织试压，甲方监督或甲方委托代表现场监督，试压结束后填好试压记录，双方代表签字
		实行总承包制的井，由乙方组织试压；实行日费制的井，由甲方组织乙方试压；均由甲方或甲方委托代表现场监督，检验结果填表，甲乙双方代表签字
		注水泥未碰压的井在固井质量评价后应下封隔器检验下部结构水泥塞密封性能

二、井下作业（试油压裂）工程过程质量监督要点

井下作业（试油压裂）工程过程质量监督要点见表4-4。

表4-4 井下作业（试油压裂）工程过程质量监督要点

序号	检查项	主要检查内容
1	设备设施	井架和底座的承载能力不低于设计载荷的85%
		作业现场有正式签字审批的地质设计、工程设计、施工设计
		井架及井下主要设备（井架、防喷器、钻井泵、固控设备等）铭牌符合设计要求
		压裂车、混砂车、压裂监控设备、砂罐车、液罐、高压管汇等符合设计要求
		所有设备应按设备操作规程进行安装，做到"平、稳、正、全、牢"
		配有管钳、吊卡及带有扭矩控制的动力钳作业辅助工具，应满足起下油管、抽油杆和工具等要求
		搭制油管小滑车滑道，滑道面应平正，两轨道高矮一致。油管小滑车槽应具备防止磨损油管螺纹功能
2	工具及管柱	油管（钻杆）桥应搭三道，泵杆桥应搭四道，并保持在同一平面上，油管（钻杆、泵杆）每十根一组排放
		工具房内的工具、配件应定期保养，摆放整齐并挂牌标识
		下井工具、油管、抽油杆按设计要求准备；下井油管应使用油管规通过
		下井工具和管柱均应经地面检验合格；施工中如使用化工药品，应提供并掌握其产品使用说明书，做好个人防护
3	井下液	井下液与油水层产出液应具有良好的配伍性，其密度、黏度、pH值和添加剂性能等应符合施工设计要求；配制井下液使用的处理剂、原材料要符合产品质量标准的要求或经检测合格
4	起下油管及抽油杆	油管悬挂器提出井口后，停止提升，卸下油管悬挂器并清洗干净，摆放在固定位置；采油树的钢圈、螺栓和钢圈槽清洗干净，涂抹润滑脂，摆放在固定位置备用
		起抽油杆遇卡时，不许强拉强提，提拉负荷不能超过杆柱悬重的30kN，否则采取相应的解卡办法；抽油杆应每十根一组，摆放整齐，并记录根数、规格，同时注意检查抽油杆损坏情况，发现损坏要单独摆放
		使用动力钳卸油管螺纹时，待螺纹全部松开后，才能提升油管，防止油管从接箍中弹出，损坏油管螺纹；起出油管应按先后顺序排列整齐，每十根一组摆放在牢固的油管桥上，摆放整齐，丈量准确，做好记录；起出单根管和井下工具时，应放在小滑车上顺道推下
		深井泵及井下工具配件应摆放在工具台架上（或房内），保持其无损、整齐、平放、清洁，下井前应在地面按质量要求，进行全面检查，否则不得下井；下井油管应清洁完好，油管长度丈量三次，每1000m误差小于0.2m，按设计配制管柱；下井油管、泵和工具等的螺纹应清洁，连接前在螺纹上要均匀涂抹密封脂或密封胶；油管外螺纹应放在小滑车或戴上螺纹帽拉送；抽油泵工作筒等以上全部管柱按设计要求进行试压并合格
		抽油杆下井前应清洗干净，涂螺纹密封脂，抽油杆长度要丈量三次，每1000m误差小于0.2m；空心抽油杆应安装密封圈

续表

序号	检查项	主要检查内容
5	冲砂作业	下探砂面管柱，当管柱遇阻时，以悬重下降10~20kN时认为遇砂面，连探两次；井深误差应小于0.5m，并记录砂面位置。带冲管的组合管柱探砂面，在冲管接近防砂铅封顶或进入防砂管柱内时，要边转管柱边下放，以悬重下降5~10kN时认为探遇砂面，连探两次；误差应小于0.5m，并记录砂面位置
		冲砂管柱可作为探砂面管柱，但管柱下端应接有效冲砂工具。工具钢体的最大外径不能超过管柱油管接箍外径5mm。冲砂排量应达到设计要求。每次单根冲完应充分循环，洗井时间不得小于15min，连续冲砂超过五个单根后，洗井循环一周后方可继续冲砂。冲砂至设计深度后，应保持25m³/h以上的排量连续循环，当出口含砂量少于0.2%为冲砂合格。然后上提管柱至原砂面10m以上，沉降4h后再复探砂面，记录深度。严禁用带通井规、刮削器的管柱冲砂
6	洗、压井	洗井、压井液性能应符合设计性能指标；洗井、压井液的用量满足施工要求
		根据设计要求，采用正洗井、反洗井或正、反洗井交替方式进行；正常洗井，对外径139.7mm套管井排量一般控制在400~500L/min，注水井洗井排量可增至540L/min，高压油气井的出口喷量控制在60L/min以内。对ϕ177.8mm以上套管井排量应不小于600L/min
7	通井、刮削套管	通井规外径应小于套管内径6~8mm，长度不小于800mm；套管刮削管柱下到距离设计要求刮削井段前50m左右，下放速度控制在不大于10m/min。接近刮削井段并开泵循环正常后，按设计要求，在刮削井段反复上提下放活动管柱刮削套管；通井、刮削过程中，掌握悬重变化，控制悬重下降应不大于30kN
		水平井采用通井规通井，通井规本体外径应小于套管最小通径6~8mm，有效长度不小于1.5m，其底部外径小于本体最大外径10mm以上，上端面倒角大于70°
8	下隔热油管	隔热管的螺纹应进行清洗、擦拭干净，不使用可能破坏螺纹表面的工具清洗、擦拭螺纹；拉运时螺纹应有保护措施；下井隔热油管要装好螺纹密封圈，螺纹应均匀涂抹专用高温密封脂；封隔器应避开套管接箍或套管损坏处；隔热管伸缩距每1000m不少于3.0m
9	找窜漏	按设计要求配制封窜堵剂。依据封窜、堵漏井深对应的井温、压力对施工用堵剂进行室内性能实验；在固井质量合格位置，确认卡封位置，检验封堵井段上部套管完好
		下找漏管柱至设计找漏、找窜位置后坐封；正注或反注施加泵压至设计要求的验封压力，承压时间10min，压降应不大于0.5MPa为合格；分别在数值"8MPa、10MPa、8MPa"或"10MPa、8MPa、10MPa"三个压力点各正注10~30min，观察、记录套管压力或溢流量的变化，若套压或溢流量随注入压力变化而变化，则初步认为窜槽，记录验窜压力、录入排量、返出排量等数据
10	封窜堵漏	按找窜漏作业管柱结构下管柱至设计位置；试挤，测试吸水性能；正替配制好的堵剂至窜槽或井漏部位；按设计顶替量，进行正挤或反挤，将堵剂推至预封或预堵位置以上20~30m，上提管柱至堵剂位置以上100m，关井候凝24~48h或按堵剂性能要求候凝
		按找窜漏作业管柱结构下管柱至设计位置，坐封桥塞；试挤，测试出稳定的吸水量；挤入完后，上提油管或钻杆，使插管脱离桥塞；在设计的洗井位置反循环洗井，洗出多余的堵剂；上提管柱至堵剂位置以上100m，井筒灌满井下液，关井候凝24~48h或按堵剂性能要求候凝

续表

序号	检查项	主要检查内容
10	封窜堵漏	按找窜漏作业管柱结构下管柱至设计位置，反洗井后，坐封封隔器；试挤井下液至泵压平稳，求出稳定的吸水量；按设计要求挤入配制好的堵剂；扩压稳定后，起出封隔器，候凝完毕后，探塞面、验证封堵效果
11	注塞、钻塞	生产井封井封层注塞厚度和深度满足地质设计和工程设计要求；根据地质设计和工程设计编写施工设计；水泥浆应做缓凝稠化试验，试验方法应符合标准规定；钻塞的钻磨工具外径与套管最小内径的间隙一般为6~8mm
		井场备有符合注塞（钻塞）要求的入井管柱，入井前认真检查、丈量、复核，丈量误差不大于0.2m/km，并用通径规逐根通过；钻磨工具入井前要测量钻磨工具的外径、内径、长度和接头连接螺纹类型尺寸等数据，并绘制示意图；注塞、钻塞之前应通井、洗井
		注塞之前，按设计要求对上部套管进行试压，确认套管无漏失；按规定将注塞管柱下入设计深度；地面高压管线应经水密封试压合格；按设计要求配制水泥浆，正入水泥浆，正替入顶替液，顶替液用量应符合设计要求；按设计上提管柱至反洗井位置，反洗出管柱内多余的水泥浆；从配水泥浆开始到反洗井结束的时间应小于水泥浆稠化时间的70%；上提管柱至预计水泥塞面100m以上，根据水泥性能关井候凝；试压满足地质设计和工程设计的要求
		地面检查螺杆钻具并连接泵注设备开泵，观察螺杆钻具的工作情况，检查旁通阀是否能自动打开或关闭；连接泵注设备，对地面高压管汇进行水密试压。连接进出口管线，在循环设备与井口之间的管线应串联过滤器；接单根之前要充分循环，时间不少于15min；每钻进3~5m划眼一次；钻塞至设计深度后，要通井、刮削并洗井，确保井内无残留水泥环
12	解卡打捞	地质设计和工程设计、施工设计、应急预案等资料应齐全；入井工具、管串应画示意图
		活动解卡前，对井下管柱从井口开始往下逐级紧扣，将所有螺纹旋紧，要确定卡阻类型及卡点深度；上提下放反复活动管柱，最大上提负荷不应超过井内管柱或工具抗拉强度的80%
		确定卡点深度，倒扣点设计在尽量靠近卡点位置，将被卡管柱在卡点附近一次性倒开；倒扣时上提载荷应大于卡点以上管柱悬重5~10kN，转速不宜超过10r/min
		确定卡点位置，对于无法测卡点的落鱼，根据落鱼结构及井下情况分析选择合适的切割位置；切割点应避开接箍并根据井下管柱状况、壁厚及后续作业确定；上提被卡管柱，上提载荷应大于切割点以上管柱悬重10~15kN
		选择适宜的套、磨铣工具，其外径应小于套管内径4~6mm；套、磨铣作业前应通井，确保井眼畅通；铣鞋钻压10~20kN，磨鞋钻压30~50kN，转速控制在50~70r/min进行磨铣
13	打铅印	根据井下落鱼情况及套管尺寸选择印模，印模外径比套管内径应小6~8mm；印模下至鱼顶2~3m时，开泵循环冲洗鱼顶，循环一周以上；打印时，加压20~30kN，特殊情况最大不能超过50kN，印模不应重复打印；起出印模后清洗干净，把印痕特征、尺寸描述清楚
14	电缆传输射孔	射孔作业前，应进行通井和洗井作业，通井和洗井深度应大于射孔目的层底界20m或至人工井底；井筒内射孔顶界以上液面高度应满足施工设计要求

续表

序号	检查项	主要检查内容
14	电缆传输射孔	根据射孔通知单内容编制射孔计算图表,填写相关内容和数据;数据计算应准确并建档保存;根据工程、地质设计和工艺要求编写射孔工艺方案设计书;数据计算和图表填写应执行计算、校对和审核三级检查并签字;根据射孔计算图表或射孔工艺方案设计书编写射孔应用图表
		射孔队达到现场后,射孔队负责人同用户方现场负责人核对作业井的有关数据、用户方提供的相关资料及射孔通知单,无误后才能进行施工;了解作业井基本情况:射孔液类型和密度、液面高度、套管内径、人工井底、通洗井情况和油补距等情况
		射孔器材外观检查。聚能罩应无松动、无污物;无枪身射孔弹壳应无损伤、无破裂;导爆索外皮应无砂眼、无破裂、无扭曲和无挤压形变等质量问题;射孔枪螺纹、密封面和其他配件等外观质量应达到使用要求;装配时,密封部位应均匀涂上密封脂或润滑脂;射孔弹应装配到位,固定牢靠;导爆索与射孔弹传爆部位之间应紧密接触,导爆索不应发生扭曲和损伤
		连接电雷管前,射孔队负责人和操作工程师应核对射孔器顺序编号;连接电雷管引线之前,应关闭仪器上的所有电源,点火线对地放电后才能与电雷管引线连接;上提下放电缆速度不应大于8000m/h;如果井内压井液密度大于1.4g/cm^3,速度不应大于3000m/h;在点火起爆射孔之前,射孔队负责人、操作工程师对目的射孔层段、深度数据核实无误后,射孔队负责人发令,才能进行起爆操作
		施工过程中,录取的各项资料和数据齐全准确,记录要完整;单次下井射孔弹发射率不低于95%,如果单次发射率低于95%,应进行补孔作业;射孔施工后,出现下述情况之一者为射孔不合格井:误射孔、井口爆炸和中途爆炸等工程质量事故;射孔施工中造成井下落物且打捞失败影响油(气)井投产
15	油管传输射孔	射孔作业前,应进行通井和洗井作业,通井和洗井深度应大于射孔目的层底界20m或至人工井底;井下管柱应内外清洁、无异物、无形变和无损伤,通径符合施工要求;射孔井筒内射孔顶界以上液面高度应满足施工设计要求
		根据射孔通知单内容编制射孔计算图表,填写相关内容和数据;数据计算应准确并建档保存;根据工程、地质设计和工艺要求编写射孔工艺方案设计书;数据计算和图表填写应执行计算、校对和审核三级检查并签字;根据射孔计算图表或射孔工艺方案设计书编写射孔应用图表
		射孔队达到现场后,射孔队负责人同用户方现场负责人核对作业井的有关数据、用户方提供的相关资料及射孔通知单,无误后才能进行施工;了解作业井基本情况:射孔液类型和密度、液面高度、套管内径、人工井底、通洗井情况和油补距等情况
		射孔器材外观检查。聚能罩应无松动、无污物;无枪身射孔弹壳应无损伤、无破裂;导爆索外皮应无砂眼、无破裂、无扭曲和无挤压形变等质量问题;射孔枪螺纹、密封面和其他配件等外观质量应达到使用要求;装配时,密封部位应均匀涂上密封脂或润滑脂;射孔弹应装配到位,固定牢靠;导爆索与射孔弹传爆部位之间应紧密接触,导爆索不应发生扭曲和损伤

续表

序号	检查项	主要检查内容
15	油管传输射孔	校深标志短节以下所有管柱长度的测量和计算,应由射孔队负责人、操作工程师和用户方现场负责人共同进行;其单根管柱长度的测量精度为1mm;射孔枪在井口对接时,不应使用液压大钳,应使用管钳逐根拧紧;作业队应按照设计深度要求下入作业管柱,其误差应控制在±10m以内;需要充填压井液时,应采用无压充填方式进行,每下十根管柱充填一次,充填至设定的液柱高度
		校验和计算出油管校深标志短节界深度后,调整射孔管柱深度,误差应控制在±0.2m之内;用户方现场负责人和射孔负责人应监督协作方作业队按确定的调整值调整管柱
		压力延时起爆射孔加压时,井口加压值可高于设计值2~5MPa,但不应超过施工井的额定安全压力值;撞击起爆射孔投棒后,关闭井口阀门,关闭现场噪声源;采用撞击起爆射孔时,如果不能确定起爆装置是否起爆,应首先调整井内液柱压力,使目的层段呈现平衡压力或正压状态后打捞出投棒,然后才能起出射孔作业管柱
		施工过程中,录取的各项资料和数据齐全准确,记录要完整;单次下井射孔弹发射率不低于95%,如果单次发射率低于95%,应进行补孔作业;射孔施工后,出现下述情况之一者为射孔不合格井:误射孔、井口爆炸和中途爆炸等工程质量事故;射孔施工中造成井下落物且打捞失败影响油(气)井投产
16	套管补贴	施工设计编写应符合地质设计和工程(工艺)设计要求
		模拟通井规外径应不小于补贴管总成最大外径,长度大于补贴管总成单段长度;套管刮削器刀片自由伸出外径应大于套管内径4~6mm,其刀片刀刃规整、无缺口;打压泵额定工作压力不低于补贴要求最高压力
		膨胀管在膨胀过程中最大膨胀压力应不大于投送管柱抗内压强度的80%;膨胀管补贴后密封压力应不小于15MPa;膨胀管补贴后上拉力和下压力应不小于600kN;补贴管之间应用螺纹连接,补贴管柱螺纹涂密封脂,旋紧扭矩应符合补贴管柱要求;每下入6~10根,应向补贴管柱内灌满工作液
		端部密封补贴管补贴后密封压力应不小于15MPa;补贴管补贴后上拉力和下压力应不小于600kN;补贴管柱螺纹涂密封脂,旋紧扭矩应符合补贴管柱要求
		波纹管补贴后密封压力应不小于15MPa;补贴后承压指标应符合要求;波纹管入井时,逐段均匀按比例涂抹黏结剂与固化剂,波纹管剂补贴工具入井时,下放速度小于20m/min;入井管柱、工具等螺纹应涂密封脂,旋紧扭矩应符合补贴管柱要求;起出补贴管柱,候凝固化时间应不少于48h
		测井检测套管技术状况,确定预补贴套管部位长度和深度;下入与套管补贴管匹配的通井规进行模拟通井,通井至补贴段以下20m,遇阻加压小于20kN;投送管柱试压,试压压力不低于最高工作压力,稳压30min,压降小于0.5MPa;原井内壁应处理干净、没有毛刺,并用工作液循环至进出口液体性质一致;补贴管搭桥长度应不小于2m,补贴管位置相对误差±0.3m
		补贴后,下小于补贴管补贴后内径4~6mm的通井规通井,深度应达到补贴管底端10m以下;对补贴井段试压15MPa,稳压30min,压降小于0.5MPa为合格

续表

序号	检查项	主要检查内容
17	取换套	依据地质设计和工程设计的要求编写施工设计
		施工用油管、钻杆、套铣头、套铣筒、方钻杆等本体及螺纹完好，工具有合格证
		油井热洗井，工作液温度应满足设计要求，用量不低于井筒容积的两倍
		下示踪管柱至套损部位，钻铤失踪稳固套损部位，封隔器坐封应严密、牢固，坐封位置应避开套管接箍，深度在套损点以上 3m；对鱼顶与错断断口同步或套损部位处理不彻底的施工井，根据实际技术状况，采取相应技术措施示踪，防止套铣过程中丢鱼
		套铣水泥帽时，随套铣深度的增加，上返速度不低于 0.8m/s，转速 60～100r/min；井口有放气管的井，钻压 110～140kN，必要时可全钻压，转速 50～60r/min，井下液上返速度不低于 0.8m/s
		套铣无水泥封固裸眼井段时，钻压控制在 15～50kN，井下液上返速度不低于 0.8m/s；遇有管外裸眼封隔器时应更换专用套铣头。更换套铣头前应划眼二至三次，循环工作液二至三周；套铣钻压应控制在 50～80kN，转速应控制在 80r/min 以内，井下液上返速度不低于 0.8m/s；起套铣筒过程中，每起三根套铣筒灌注一次井下液
		套铣水泥封固井段时，钻压控制在 30～100kN，转速 80～100r/min，井下液上返速度不低于 0.8m/s；套铣过程中，维护好井下液性能，依据要求及时检测，防止钻井液发生钙侵
		套铣至套损部位，尤其套铣错断断口时，应连续套铣通过错断口，无特殊原因不应将套铣钻头及以上第一根套铣筒提离断口；套铣时的钻压应控制在 20～30kN，转速控制在 60r/min 以内，井下液上返速度不低于 0.8m/s
		套铣施工正常，每套铣 80～120m 取套一次；对取出套管根数、状况做好记录；对下有放气管、裸眼封隔器、扶正器、水泥面控制接头的井段，套铣过程中根据实际情况适时取套，满足套铣施工的安全顺利进行；套铣通过套损井段，捞出示踪管柱，取出套损井段套管，对套损套管做好记录
		套管切割取出时应修整井下回接部位切割断口及断口以下套管外壁，使端面、外壁平整、光滑；倒扣取套后井下回接部位应保留一完好接箍或外螺纹，利于新旧套管回接并满足螺纹上满旋紧密封
		检查回接工具，其部件灵活、完好无损，规格、性能参数应符合要求。套管螺纹清洁、回接工具与套管的连接应涂密封脂，连接螺纹旋井；下套管技术措施、下套管作业、套管柱的连接等应符合标准规定
		下试压管柱，试压井段井口至补接点以下 2～3m，封隔器坐封位置避开套管接箍；补接工具回接完成后，按工具说明书的要求试压；对扣回接后，试压不低于 15MPa，稳压 30min，压力降不超过 0.5MPa 为合格；套管回接合格后，起出套铣管柱，如需固井，起套铣筒前应以 1.7m/min 以上排量循环工作液二至三周
		封隔器型补接器回接或对扣回接完井时，在井口以下 50m 内打水泥帽。铅封注水泥型补接器回接时需固井，注入水泥浆至设计返高，上提补接器候凝后，钻掉管内固井水泥塞；固井时的水泥浆量、顶替液量等按设计要求进行施工；候凝固化时间不少于 48h；试压按设计要求进行

续表

序号	检查项	主要检查内容
18	套管开窗	下入光钻杆钻具按设计注水泥，候凝后下钻具进行钻塞，塞面位置在段铣井段或窗口以下30m；对预计开窗井段以上套管进行试压，应符合设计试压要求；对预计作业井段进行刮管作业；下入通径规对作业井段进行套变检查，要求通径规外径大于段铣工具或定向开窗工具最大外径的0~3mm，长度大于段铣工具或定向开窗工具长度的0.5~1m
		将开窗工具下到斜向器上方1~2m处，记录上提、下放和空转悬重及转速、扭矩、排量和泵压；开窗过程中应在钻井液槽出口处放置铁屑吸附装置。收集返出的铁屑，称重并记录；开窗工具起出后，确认磨铣工具外径磨损小于或等于2mm，开修窗作业结束，否则下入工具修窗
19	常规地层测试	根据试油地质、工程设计编写测试施工设计
		套管井封隔器坐封位置应尽量靠近油层顶部，避开套管接箍和悬挂器；坐封井段的套管内径与封隔器胶筒外径之差应为6~12mm
		液垫性能稳定清洁无沉淀，所加液垫不应与地层流体发生理化反应
		砂泥岩地层测试压差不大于20MPa，根据地层是否出砂具体确定；其他岩性地层测试压裂不大于35MPa
		对套管井，通井至人工井底，刮削至坐封井段以下20m；充分循环调整钻井液或压井液，使其性能达到设计要求，钻井液或压井液的配备量应不少于井筒容积的1.5倍
		对动力设备、提升系统、循环系统及井控装置进行全面检查，其性能应达到设计要求；指重表应灵活可靠，在有效检定期之内施工前，应对井口控制装置及地面流程按规定试压，介质为清水或氮气
		测试施工方对内部人员进行技术交底；测试施工方对相关方进行技术交底
		使用电子压力计，编制工作程序后进行组装、连接；若使用机械压力计需将时钟上满弦，卡片装入卡片筒后应平整，划出的基线偏差范围不超过0.25mm；按设计要求连接下井测试管柱
		下测试管柱速度应不大于0.5m/s；下钻过程中，每下10~20根管柱，加满测试液垫，直至设计液垫高度为止；下完测试管柱后记录管柱的总悬重
		下放测试管柱，给测试阀上部施加足够钻压打开测试阀，观察环空液面和泡泡头气泡显示，判断管柱与封隔器的密封情况，如有漏失情况采取相应的措施；按设计要求进行求产；求产结束后，上提管柱悬重超过"自由点"4.5~8.9kN后，刹车并下放管柱恢复关井前加压吨位，实现关井；开关井的次数及时间分配按设计要求执行
		现场取样要求：地面取样两个，井下取样器取样一个；气层测试，待产量稳定后地面取样两个，井下取样器取气样一个；或回收液为地层水，见液面取样一个，中部取样一个，多流测试器上部取样一个，井下取样器取样一个；按设计要求做高压物性转样或地面分离器取样PVT配样
20	水力喷射泵排液	根据地质设计和工程设计编制施工设计；地层不出砂应选用正循环排液方式，选择正循环水力喷射泵；地层易出砂应选用反循环排液方式，选择反循环水力喷射泵；根据管柱内通径要求确定水力泵规格；油管和套管环空处于连通状态，应选用无滑套水力喷射泵；排液前通过油管向地层进行加压、挤注等作业，应选用内滑套水力喷射泵；排液前通过油套环空进行加压作业，应选用外滑套水力喷射泵

续表

序号	检查项	主要检查内容
20	水力喷射泵排液	按设计要求依次下入管串，下放速度应控制在 0.5m/s 以内；操作平稳，不应猛提、猛刹、猛放，以防封隔器中途坐封；下至预计深度，调整管柱，封隔器避开套管接箍，坐封封隔器；安装排液井口及地面流程，并按设计要求试压合格
		在地面循环计量罐与地面泵注设备之间安装过滤器；地面流程安装预测最高排液泵压的 1.25 倍进行试压，30min 压降不大于 0.7MPa 为合格
		地面泵注设备、地面循环计量罐、观察计量罐、气液分离器等应完好；地面循环计量罐与地面泵注设备之间应安装过滤器；进出口阀门开关状态应正确；动力液应清洁无杂物，无固相颗粒；水力喷射泵心规格型号应符合施工要求；承压密封件、打捞头、喷嘴、喉管、扩散管应完好；泵心应畅通
		根据洗井打入返出的液量判断地层漏失情况，若地层漏失应投球。投入试压泵心，对油管试压 25MPa，30min 压降不大于 0.7MPa 为合格；关油管阀门憋压，对套管及封隔器试压 20MPa，30min 压降不大于 0.7MPa 为合格
		反循环洗井，洗井液不少于 1.5 倍井筒容积，直至进出口液性一致
		启动地面泵注设备，按照 6m/h～7m/h 的排量送正（反）循环排液泵心；通过调整泵注排量，达到设计要求的排液压力；若需调整工作制度，在喷嘴、喉管不变的情况下，通过调整排液压力和排量来调整单位时间内排液产量
		用地面循环计量罐计量地层产液量，每 2h 计量一次；每 4h～8h 做一次原油含水、含砂分析，地层出砂，应加密取样分析
		施工过程中，录取的各项资料和数据齐全准确，记录要完整；地面排液压力应保持平稳，波动范围在 0～0.5MPa 之间；调整地面排液压力时应缓慢
21	压裂	严禁性能指标不合格的压裂液入井
		严禁未制订套变防治措施进行压裂施工作业
		压裂工艺设计、施工设计必须由具备资质的单位进行编制；压裂设计应有质量控制及配套措施要求；设计单位应提交符合规定的试验报告
		按压裂工艺设计要求，准备检测合格的压裂工具、油管等；入井管柱、工具应保证清洁、密封，丈量准确，抗压强度应满足设计要求；射孔位置及封隔工具坐封位置应避开套管接箍；压裂施工前应对压裂管线按设计进行试压
		所有压裂设备、工具、裂缝测试装备和压裂液检测仪器，在上井及施工前应按要求检测合格，备件齐全，安装正确，达到设计要求；压裂车的安全阀应定期检测，施工前应进行检查；压裂施工所需的辅助设备按设计要求执行；压裂车正常运行时的上水效率应大于 85%，要求压裂车、混砂车、连续混配车、连续油管车的连续作业时间满足施工要求；使用标定合格的压力计、流量计和密度计，要求仪表车能以每秒一点同时、准确地记录全套数据，并保证施工全过程各数据信道及其与相关软件的连接畅通无故障
		配置压裂液之前确保配液系统干净清洁、无杂物；入井材料的检测报告齐全翔实；配液用水水质应达到设计要求；充分混合后基液的 pH 值及基液黏度等应达到设计要求；支撑剂干净、干燥、无杂物，性能指标符合设计要求

续表

序号	检查项	主要检查内容
21	压裂	施工前进行技术方案交底确定现场指挥,落实各关键岗位人员及分工;施工前按施工设计设定最高限压;按设计要求进行试压;施工按泵注程序设计进行,记录施工时间、排量、压力、支撑剂浓度、砂量、液量、交联液量、交联比等施工参数,取全取准资料
		前置液阶段检查冻胶的可挑挂性、滑溜水的降阻性能和黏度,前置液用量应满足设计要求;携砂液阶段加砂符合设计要求,检测混砂液的黏度、pH值、砂浓度、交联比以及破胶剂用量应达到设计要求;顶替液用量达到设计要求;设计中如无特殊要求,则压后停泵测压降不少于5min,否则测试时间按设计要求执行;压力监测要求每秒不少于一个数据
		压裂结束后,按设计规定放喷时间、油嘴大小或针形阀开度等进行放喷排液。在排液过程中应对液体的返排时间和返排量进行计量、取样,并检测返排液的pH值、氯根、黏度等参数,计算压裂后返出的支撑剂量

第三节 其他质量监督要点

一、验收质量监督要点

验收质量监督要点见表4-5。

表4-5 验收质量监督要点

序号	检查项	主要检查内容
1	验收管理	严禁未经质量验收或验收不合格的工程投入使用
		钻井施工单位向中国石油集团各油田公司提交钻井井史;建设单位和施工单位应对钻井工程井身质量、固井质量和取心质量的评价结论达成一致
		取心质量(取心进尺、取心收获率)应满足设计要求,达到施工目的
		撞击式井壁取心直径、长度不低于1.5cm;收获率不低于90%
		旋转式井壁取心直径不低于2cm;长度不低于3.5cm;收获率不低于90%
		井口使用说明书、井口装置生产许可证、产品合格证、试压记录等资料应齐全;加装井口保护装置,标明井号
		井口倾斜角符合设计要求;生产层套管头上法兰顶面距地面不超过0.5m
		完成对已发现质量问题整改闭环
		建设单位按照合同与设计对工程质量考核验收,验收过程合规。完井验收资料主要包括:钻井井史、各次固井施工设计及总结、钻井技术总结、复杂情况与事故处理记录及总结、工程录井资料、固井水泥胶结测井资料、完井验收单等
		钻井工程部应定期组织召开钻井工程质量评审会,对油区内钻井工程按规定进行评审,统一确定钻井工程质量等级和质量问题井结算扣款额度,评审结果应及时反馈给建设单位,作为钻井工程结算的依据

续表

序号	检查项	主要检查内容
1	验收管理	钻井工程交接井报告、钻井井史和钻井监督报告（均含电子版文件）应及时提交建设单位备案保存
2	井身质量	井斜角、水平位移满足设计要求
		目的层井径扩大率满足设计要求
		定向井靶区半径满足设计及质量标准
		全角变化率不存在连续三点超出设计及质量标准
		全角变化率超过设计值点数占全井总点数比例低于10%
3	固井质量	水泥返高达到设计值，且低于设计值不大于50m
		生产套管固井质量在油气水层段、尾管重合段、上层套管鞋、上层分级箍以上25m环空范围内，水泥一二界面是否达到连续胶结质量中等及以上
		全井一二界面中等封固质量达到全井的70%以上
		入井套管、固井用水泥及外加剂质量均合格
		套管柱试压合格

二、不同井型井身质量监督要点

不同井型井身质量监督要点见表4-6。

表4-6 不同井型井身质量监督要点

序号	检查项	主要检查内容
1	直井	钻井设计对数据采集间隔应分段做出具体规定，设计采集间隔小于标准要求，实际施工中最大数据采集间隔不大于300m
		钻井设计分井段明确井斜角要求，设计要求符合标准要求，实际测斜结果符合设计要求
		钻井设计明确井底水平位移要求，设计要求符合标准要求，实际测斜结果符合设计要求
		钻井设计分井段明确全角变化率要求，设计要求符合标准要求，实际测斜结果符合设计要求，井身轨迹连续三点全角变化率不应大于设计值或者无超过设计值的点数占全井段总点数比例大于10%情况
		钻井设计明确目的层平均井径扩大率要求，设计要求符合标准要求，实际测斜结果符合设计要求
		钻井设计明确井口倾斜角要求，设计要求符合标准要求，实际测量结果符合设计要求
		第一层套管头安装，双外螺纹短接与套管本体内螺纹按规定扭矩上紧，并使套管本体侧通道出口中心线与防喷管汇中心线重合在同一平面，套管头托盘与地面填满沙石、水泥并与地面结合，加强固定支撑、使套管头本体主通径法兰面水平误差不大于1mm

续表

序号	检查项	主要检查内容
2	定向井	钻井设计明确采集间隔，直井段不大于300m，稳斜段不大于100m，造斜和扭方位段应不大于30m，丛式井应在设计中做出要求
		钻井设计分井段明确靶区半径要求，设计要求符合标准要求，实际靶心距符合设计要求
		钻井设计分井段明确全角变化率要求，设计要求符合标准要求，实际测斜结果符合设计要求，井身轨迹连续三点全角变化率不应大于设计值或者无超过设计值的点数占全井段总点数比例大于10%情况
		钻井设计明确最大井斜角要求，设计井斜角大于45°的井，实钻最大井斜角不超过设计值的5°
		钻井设计明确目的层平均井径扩大率要求，设计要求符合标准要求，实际测斜结果符合设计要求
		钻井设计明确井口倾斜角要求，设计要求符合标准要求，实际测量结果符合设计要求
		无磁钻铤选择长度和安防位置满足测量仪器要求；钻铤长度和加重钻杆长度宜满足钻头加压要求
3	水平井	钻井设计明确采集间隔，直井段不大于300m，稳斜段造斜段不大于30m
		钻井设计分井段明确全角变化率要求，设计要求符合标准要求，实际测斜结果符合设计要求，井身轨迹连续三点全角变化率不应大于设计值或者无超过设计值的点数占全井段总点数比例大于10%情况
		钻井设计明确着陆点位置要求，设计要求符合标准要求，实际测斜结果符合设计要求
		钻井设计明确水平段纵横偏移要求，设计要求符合标准要求，实际测斜结果符合设计要求
		钻井设计明确井口倾斜角要求，设计要求符合标准要求，实际测量结果符合设计要求
		水平段全角变化率应满足完钻完井管柱的下入要求。有特殊要求的井应按设计或油气藏地质导向要求执行
		着陆点应控制在水平段起始点前后30m或设计要求为准

三、深井、超深井固井质量监督要点

深井、超深井固井质量监督要点见表4-7。

表4-7 深井、超深井固井质量监督要点

序号	检查项	主要检查内容
1	套管及井筒试压	采用注水泥后立即试压的套管柱试压为套管抗内压强度值、浮箍正向试验强度值和套管螺纹承压状态下剩余连接强度最小值三者中最低值的55%，稳压10min，无压降为合格
		采用固井质量评价后试压的套管柱，套管直径（ϕ）小于或等于244.5mm（$9\frac{5}{8}$in）的套管柱试压为20MPa，套管直径（ϕ）大于244.5mm（$9\frac{5}{8}$in）的套管柱试压值为10MPa，稳压30min，压降小于或等于0.5MPa为合格

续表

序号	检查项	主要检查内容
1	套管及井筒试压	负压试验，用于挤水泥、注水泥塞封固油气层的作业效果评价。负压试验可通过降低管内流体密度、抽汲油井、排空等方法来实现，挤水泥合格和水泥塞封固质量好的井在进行负压试验时应无地层流体进入井筒
2	水泥塞长度	根据设计和后期完井要求评价水泥塞长度，承托环与浮鞋的距离应根据井深和套管直径确定，应不小于20m
3	环空带压和管内窜气	根据套管环空压力值，进行套管试压和负压验窜操作并评价
4	水泥胶结质量	固井质量评价一般采用CBL/VDL测井评价，同时建设单位根据需要也可选用其他质量评价手段，解释结果应进行综合评价
5	重点段连续封隔	油气层顶界以上连续胶结中等以上的水泥环长度不少于25m；水泥环层间封隔能力应满足标准规定
5	重点段连续封隔	侧钻井尾管固井重合段能够满足试压要求
5	重点段连续封隔	高压、高含酸性气体、高危地区油气井，以及采用分段压裂开发油气井，生产套管固井水泥环胶结质量中等以上井段的长度应达到封固井段长度的70%
6	水泥浆返高	高压、酸性天然气井，技术套管固井水泥应返至地面
6	水泥浆返高	高危、环境敏感地区油气水井，技术套管固井水泥应返至地面
6	水泥浆返高	深井超深井生产套管固井水泥应返至地面，受地质条件限制无法返至地面时，应返至上层套管鞋200m以上

第五章 井工程 HSE 监督要点

第一节 钻井工程 HSE 监督要点

井工程 HSE 监督指受监督机构的委派对井工程现场健康、安全、环境管理进行监督的人员，包括工程监督、巡井 HSE 监督、远程 HSE 监督。为确保井工程现场作业中监督管理工作针对性，需要切实掌握井工程现场作业的特点，更好促进监督工作得到高效开展。

井工程现场作业特点如下：一是作业环境差，露天作业多；二是工种特殊，职业危害性大；三是立体交叉施工多，需要多方高效的配合；四是劳动强度大，易发安全事故；五是场地分散，变换频繁；六是作业人员安全意识不足，专业技术水平参差不齐；七是高空作业多，具有较强的危险性；八是设备自重大、电气设备多，安全隐患多。充分认识这些特点，才能为安全监督管理工作的开展打好基础。

HSE 监督工作应突出抓好井控安全、风险作业、过程管控、环境保护等工作，强化与建设方"联管联查"工作机制，突出重点区块、敏感时段、关键工序，形成井工程 HSE 多维度监督模式。

一、钻井现场 HSE 管理监督要点

钻井现场 HSE 管理是指在进行钻井作业期间，对钻井现场进行有效的监督和管理，以确保作业的安全、高效和符合规范。钻井现场管理涉及多个方面，需综合考虑组织机构及人员配备要求、安全基础管理、井控管理、防硫化氢管理、安全防护设备设施、职业健康管理等因素，以确保钻井作业的顺利进行。定期进行安全检查和风险评估，及时采取措施来预防事故和处理紧急情况。钻井现场 HSE 管理监督要点详见表 5-1。

表 5-1 钻井现场 HSE 管理监督要点

序号	检查项	检查要点	主要检查内容
1	组织机构及人员配备要求	工作职责	钻井队成立 HSE 领导小组，明确小组工作职责
			明确各岗位要求及岗位安全职责，岗位员工清楚本岗位安全职责
			钻井队设置队级专（兼）职安全员，班组设置班组级兼职安全员，明确安全员职责
			钻井队 HSE 领导小组成员、岗位员工应清楚相应职责

续表

序号	检查项	检查要点	主要检查内容
2	安全基础管理	风险识别与隐患排查治理	建立并定期更新危害因素清单，制订相应控制措施
			建立危险品安全管理制度、操作规程和应急处置程序，危险品存放与使用场所设置安全标志及危险告知牌，符合通风、防火、防爆、防潮、防渗漏等安全条件
			定期开展隐患排查治理工作，建立排查整改、验证记录
			开展工作前安全分析
			特殊施工和关键作业时进行风险评估，制订风险削减措施并实施，验证落实情况
			抽问岗位员工是否清楚岗位风险及控制措施
		两书一表	钻井工程作业指导书应经钻井公司业务主管领导审批，内容应包括岗位任职条件、岗位职责、岗位操作规程、巡回检查及检查内容、应急处置程序等要求
			编制项目HSE作业计划书，新增危害因素应识别齐全
			作业指导书、作业计划书应发放至班组，组织学习并建立记录
			建立各岗位的现场检查表，检查表内容应包括检查范围（项）、检查标准判定等
			各岗位严格按现场检查表规定的频次、项目开展检查
		作业许可	明确钻井作业现场应办理许可证的工作类型
			办理许可证前开展工作安全分析，明确许可证的申请、审批、关闭及存档要求
			作业前进行相应的气体检测、能量隔离、上锁挂签
		属地管理	与进入井场的相关方签订安全生产管理协议，告知风险，明确管理职责和应当采取的安全措施
			各岗位的属地范围，设置属地管理责任牌及安全标志标牌
			相关方在井场内的作业应办理作业许可，作业区域应设置警示带及安全标志
			现场作业人员不应有串岗、乱岗、脱岗、睡岗、饮酒后上岗等违章行为
			钻井队应对岗位属地管理职责履行情况进行考核
		教育培训及能力	建立岗位培训需求，明确岗位员工的培训要求
			制订安全培训计划并按计划实施，建立培训记录
			建立新入厂和转岗员工公司、队、班组"三级"安全教育，对其进行考试，合格后上岗实习
			钻井队组织岗位员工开展操作规程培训，建立相应记录
			相应人员井控证、硫化氢证、司钻操作证、电工证、焊工证、高处作业证、起重指挥证等持证齐全并在有效期内
			钻井队定期开展安全环保履职能力考评，并建立考评记录
			领导干部调整、提拔及员工新入厂、转岗和重新上岗前，进行入职前安全环保履职能力评估，并进行结果应用，相应评估资料应存档

续表

序号	检查项	检查要点	主要检查内容
2	安全基础管理	安全活动	制定安全目标和指标,将指标分解落实到班组和岗位,并将完成情况纳入考核
			采取安全教育、案例学习、安全经验分享等形式开展班组安全活动,队干部定期参加班组安全活动
			开展安全观察与沟通,填写安全观察与沟通卡;钻井队应定期对观察与沟通的信息进行统计、分析,制订有针对性的解决方案
		劳动防护	钻井队岗位员工劳动防护用品配置应符合国家标准
			建立岗位员工劳动防护用品发放卡或记录
			安全帽、防坠落用具、佩戴呼吸用品、眼护具等特种安全防护用品应经过劳动安全认证,并在使用有效期内
			应进行劳动防护用品培训,岗位员工应清楚劳动防护用品检查与维护要求
			高于地面2m的高处作业时应使用防坠落用具,二层台作业应配置多功能全身式安全带,并能与二层台逃生装置配合使用
			从事敲击、打磨、切割、电焊、气焊、机械加工、设备维修、吹扫清洗等可能对眼睛造成伤害的作业时应使用眼护具
			在粉尘等可能危害健康的空气环境中作业应佩戴呼吸用品,有害环境中的作业人员应始终佩戴正压式空气呼吸器
			进入85dB以上噪声区域应佩戴护耳器
			从事可能接触化学品、腐蚀性物质、有毒有害物品、电气操作的员工应穿戴专业个人防护装备
		钻井现场管理	井场大门宜朝向全年最小频率风向的上风侧
			柴油机排气管出口不应朝向油罐区、电力线路,且距井口距离不小于15m
			井场大门入口处应设置施工公告牌、入场须知牌、危险区分布、紧急逃生路线图和硫化氢提示牌
			相关方人员首次进入井场时应由钻井队进行入场安全教育并登记,外来人员应进行入场HSE提示并登记,并由专人陪同
			进入井场的车辆应进行登记,并安装防火帽
			钻台、井口、循环罐区、机房、泵房、发电房等重点区域设立安全风险告知牌
			井场、远程控制台、消防室、钻台、油罐区、机房、泵房、发电房、危险化学品存放点、净化系统、电气设备等处应设置齐全、醒目的安全警示标志
			主要设备、设施应挂牌管理,操作规程应齐全、完善
			天车、钻台、振动筛、远控房、安全集合点、点火口等处应设置风向标
			据当时的风向和当地的环境,应设置两个紧急集合点,一个应位于当地季节风的上风方向

续表

序号	检查项	检查要点	主要检查内容
2	安全基础管理	钻井现场管理	井场安全通道应进行标识并保持畅通
			石油钻井专用管材应摆放在专用支架上，高度不应超过三层，各层边缘应进行固定，排列整齐，支架稳固
			钻井液材料储存方式应恰当，下垫上盖，分类存放，堆放整齐，标识清楚
			氧气瓶、乙炔气瓶应分库存放在专用支架上，阴凉通风，不应曝晒，气瓶上不应有油污，应安装安全帽和防振圈，氧气瓶、乙炔气瓶应在检定期内
			使用氧气瓶、乙炔气瓶时，应保持直立，应分别在减压阀出口端安装防回火装置，两瓶相距应大于5m，距明火处大于10m
			井场及污水池应设围栏圈闭并设置警示牌，在井场后方及侧面开应急门；井场平整，无油污，无积水，清污分流畅通
			进行注水泥、压井、酸化压裂、测试、电测、起放井架、吊装、动火等特殊作业、临时作业时，应设置安全警戒线；非工作人员不应进入警戒区
			油罐区距井口应不小于30m，发电房与油罐区距离不小于20m，锅炉房距井口上风侧不小于50m，距油罐区不小于30m
			在苇塘、草原、林区钻井时，井场应设置防火隔离墙或隔离带
			在河床、海滩、湖泊、盐田、水库、水产养殖场附近进行钻井作业，应设置防洪、防腐蚀、防污染等安全防护设施
			农田内井场四周应挖沟或围土堤，与毗邻的农田隔开
		营地	营地应设在距井场300m外，含硫化氢的井设在主导风向的上方侧，选择环境未受污染、干燥的地方
			野营房基础平稳牢固，不应摆放在填方上、高岩边及易滑坡、垮塌地带，避开易受洪水冲刷的地方
			营区内部通道畅通、平整，临边处栏杆齐全，应在开阔地带设置紧急集合点，营地区域不应停放私家车辆
			食堂清洁卫生，生、熟食品分类存放
			冰箱、储藏柜定期清洁，并有相应记录
			炊管人员持有效健康证，着装和个人卫生符合要求
			生活污水进行隔油、除渣处理，生活污水池设置围栏和警示标识
			营区应定期消毒
			定点设置垃圾桶，固体废物集中收集
			营房内务整洁，无违禁物品
			照明设施、用电设备、电气线路安装符合要求，无私拉乱接情况

续表

序号	检查项	检查要点	主要检查内容
2	安全基础管理	营地	烟雾报警器、过载保护、漏电保护及接地保护装置性能良好
			食堂配备 8kg 干粉灭火器两具，每栋野营房配备 4kg 干粉灭火器两具
		联合作业	联合作业应编制作业计划书，在作业前向生产组织单位办理作业许可证，召开施工作业协调会，并做好会议记录
			具有重大风险的联合作业，应制订施工方案和风险控制措施，明确各方职责，发放到各单位并实施
			联合作业中高压区域、吊装区域等应设置警示带
			作业车辆停放位置应恰当，不应骑、压绷绳，装卸货物及倒车时应指定专人指挥
		应急管理	建立应急组织机构，明确职责，制订应急预案；建立关键岗位应急处置
			建立应急通信联络电话，包括地方政府、交通、消防、医疗等部门
			核实井场周围 500m 范围内的人口、房屋情况，了解和掌握道路交通状况和水系情况
			应急物资配备满足要求，落实专人保管，建立台账，定期进行检查，消耗后应及时予以更新和补充
			按应急预案要求进行培训和演练，确认培训、演练的有效性
		事故管理	事故发生后，应立即报告本单位负责人，立即上报事故快报
			建立 HSE 事故、事件管理台账
			落实事故、事件纠正与预防措施
		变更管理	人员变更应进行培训与能力评估，特殊工种需持证上岗的，应经培训考取合格证后上岗
			设备与工艺技术发生变更应进行风险评估，应针对设备变更带来的危害因素，制订新的风险控制和削减措施，编制或修订操作规程，并对操作人员进行培训和交底
			变更应按流程进行申请和审批
			变更后及时更新变更项目涉及的安全信息，并在相关岗位进行沟通和培训
		基础资料管理	建立收方登记与处理记录，文件应分类收集，定期装订成册，编制目录
			设备设施台账及设备履历本齐全
			工程、地质、钻井液技术资料、报表、原始记录填写应清晰、内容完整、真实
			基础资料应分类管理，落实管理责任人
			基础资料保存完好，无潮湿、无虫蛀

续表

序号	检查项	检查要点	主要检查内容
3	井控管理	人员持证	钻井队应成立井控管理小组，明确各岗位井控职责
			钻井队队长、指导员、副队长、钻井工程师、钻井液工程师、大班司钻，正副司钻、井架工、大班司机、内外钳工等岗位及坐岗人员应持井控培训合格证
			驻井地质技术人员应持井控培训合格证
			钻井液技术服务的队长、技术员要持井控培训合格证
		钻井设计执行	按要求配置井控装备，井控装备应定岗定人管理，定期进行活动、检查、维护和保养
			按要求进行地破压力试验，在进入油气层前 50~100m，按照下部井段最高钻井液密度值，对裸眼地层进行承压能力检验，若发生井漏，应采取堵漏措施提高地层承压能力
			按要求储备足够的加重钻井液和加重材料，在储备罐上注明加重钻井液的密度和数量，钻井液 7d 循环一次
		井控制度	在进入油气层前 100m 开始坐岗，指定专人定时观察和记录钻井液循环池液面变化、起下钻灌入或返出钻井液情况
			进入油气层前 100m 开始实行钻井队干部带班作业；填写带班干部交接班记录
			安装好防喷器后，各作业班按钻进、起下钻杆、起下钻铤和空井发生溢流的四种工况分别进行一次防喷演习；其后每月不少于一次不同工况的防喷演习，并记录、讲评演习情况。在特殊作业（定向、欠平衡、取心、测试完井等作业）前，也应进行防喷演习
			执行钻开油气层的申报、验收制度，在进入油气层前 50~100m，由井队进行全面自检，确认准备工作就绪后，向建设方主管部门申请检查验收。经验收合格后方可钻开油气层
			执行井喷事故逐级汇报制度，发生井喷或井喷失控事故，立即启动应急预案，并同时向中国石油集团各油田公司和钻井公司报告
			执行井控例会制度，钻井队钻进至油气层之前 100m 开始，每周召开一次井控工作例会
			钻井值班室内应设置井控管理制度、溢流显示、溢流关井操作程序和关井操作程序分工细则表、井口装置图和节流、压井管汇示意图、施工进度图地质工程设计大表、平衡钻井曲线（预测地层压力曲线、设计钻井液密度曲线、实际钻井液密度曲线）
4	防硫化氢管理	防硫化氢设备配置	应配备硫化氢监测仪、正压式空气呼吸器和充气泵
			预测地层硫化氢浓度超过作业现场在用硫化氢监测仪的量程时，应准备量程在范围内的硫化氢监测仪
			正压式空气呼吸器配备数量应满足：陆上钻井队当班生产班组应每人配备一套，另配备充足的备用空气呼吸器；其他专业现场作业人员应每人配备一套；作业现场应配备充气泵一台

续表

序号	检查项	检查要点	主要检查内容
4	防硫化氢管理	防硫化氢设备配置	固定式硫化氢监测仪探头应设置于方井、钻台、振动筛、钻井液循环罐等硫化氢易泄漏区域,探头安装高度距工作面0.5~0.6m
			钻井队便携式硫化氢监测仪至少五只,在含硫井进行中途测试作业时,作业人员应每人配备便携式硫化氢监测仪
			便携式硫化氢监测仪半年校验一次,固定式硫化氢监测仪一年检验一次,在超过满量程环境使用后应重新校验
			正压式空气呼吸器气瓶三年检测一次,钻井队应指定专人管理,每月检查不少于一次,应填写检查记录
		防硫化氢管理措施	在含硫化氢环境中的作业人员和安全监督,上岗前应进行硫化氢防护培训,经考核合格后持证上岗
			来访人员和其他非定期派遣人员在进入含硫氢区域之前,由钻井队进行防硫化氢安全教育,并在受过培训的人员陪同下进入含硫化氢区域
			作业人员在危险区域应佩戴便携式硫化氢监测仪,监测工作区域硫化氢的泄漏和浓度变化
			在钻台上下、振动筛、循环罐等气体易聚集的地方应使用防爆通风设备驱散弥散的硫化氢
			钻入含硫化氢油气层前,应将机泵房、循环系统及二层台等处设置的防风护套和其他围布拆除
			寒冷地区在冬季施工时,对保温设施应采取相应的通风措施,保证工作场所空气流通
		防硫化氢应急管理	在含硫化氢油气田进行钻井作业前,钻井队及相关的作业队应制订防喷防硫化氢的应急预案,并定期组织演练
			在开钻前将防硫化氢的有关知识向周边居民进行宣传,让其了解在紧急情况下应采取的措施,取得他们的支持,在必要的时候正确撤离
			在含硫化氢油气田进行钻井作业时,应配备必要的救护设备和硫化氢急救药品,各班组应配置经过急救培训的人员
5	安全防护设备设施	安全防护设备配置及管理	钻井作业现场应配备可燃气体监测仪、正压式空气呼吸器和呼吸空气压缩机,指定专人管理,定期检查、检定和保养,报警值设置正确、灵敏好用
			在钻台、井口、振动筛处,以及在通风不良的部位作业时,应设置防爆排风扇
			钻台应安装紧急滑梯至地面,下端设置缓冲垫或缓冲沙土,周围无障碍物
			二层台应配置紧急逃生装置、防坠落装置(速差自控器、全身式安全带),工具拴好保险绳;逃生装置、防坠落装置应在安装完成后进行测试、定期检查,并做好记录
			二层台紧急逃生装置着地处应设置缓冲沙坑(缓冲垫),周围无障碍物

续表

序号	检查项	检查要点	主要检查内容
5	安全防护设备设施	安全防护设备配置及管理	防碰天车应安装正确并做好检查保养记录,在倒换大绳后应重新设置防碰天车高度
			天车、井架、二层台、钻台、机房、泵房、循环系统、钻井液储备罐的护栏和梯子应齐全牢固,扶手光滑,坡度适当,循环罐体上、下梯子不少于三个
			振动筛、循环罐和钻台处应配置洗眼器
			循环系统、重钻井液储备罐人孔盖板齐全稳固
			运转机械(传动皮带、链条、风扇、齿轮、轴)应安装防护罩
			应根据现场能量隔离点配置专用安全锁具
			各类压力表、安全阀、保险销安装齐全,定期进行检查、检定
			井场及营地野营房内应安装漏电保护器和烟雾报警器,定期检查,灵敏好用
		消防器材配置及管理	钻台、机房、发电房、电控房、振动筛处、油罐区、保暖设施等处各配备 8kg 干粉灭火器两具
			电动钻机相关配套的 SCR 房、MCC 房、VFD 房各配备 7kg 及以上二氧化碳灭火器两具
			员工餐厅、厨房各配备 8kg 干粉灭火器两具,每栋野营房配备 4kg 干粉灭火器两具,烟雾报警器一支,精密仪器房应配备 2kg 二氧化碳灭火器一具
			井场应设置消防栓两支,消防水泵一台,30m³ 消防水罐一台
			手提式灭火器应设置在灭火器箱内或托架上,干粉灭火器压力符合要求,二氧化碳灭火器重量符合要求,筒体、保险销、软管、喷嘴完好
			保持消防通道畅通,消防室设有明显标志,室内不应堆放其他物品
			应建立消防设施、消防器材登记表,落实专人管理,挂消防器标牌,定期进行检查,不应挪作他用,失效的消防器材应交消防部门处理
6	职业健康管理		制订员工年度体检计划,定期进行健康检查,建立员工健康档案
			建立有毒有害作业场所和有毒有害作业人员档案,并定期进行监测和职业健康检查,作业现场应对有作业场所监测数据进行公示,职业健康检查应书面告知接害人员
			在机房、发电房作业时应佩戴护耳器,进行有损害视力或可能存在物品飞溅造成眼睛伤害的作业时应佩戴护目镜、面罩或其他保护眼睛的设备
			在接触刺激性或可能通过皮肤吸收的化学品时,应正确佩戴防护手套、围裙或其他防护用品
			现场应配备必要的医疗急救设施和用品
			有毒有害作业场所应设置职业危害知识牌,并采取相应防护措施

二、钻井设备 HSE 监督要点

钻井设备主要包括主体设备、司钻操作台及钻井仪表、循环系统、泵房设备、机房及传动装置、供气系统、电气设备、冬季保温系统、油罐、气体钻井作业设备、欠平衡钻井作业设备、控压钻井作业设备、中途测试作业设备、定向井作业设备（有线类、无线类）、取心作业设备、顶驱、值班室等设备。钻井设备 HSE 监督要点详见表 5-2。

表 5-2 钻井设备 HSE 监督要点

序号	设备名称	检查要点	主要检查内容
1	主体设备	井架及底座	井架、井架底座结构件连接螺栓、弹簧垫、销子及保险别针齐全紧固，各种滑轮润滑良好，天车、转盘、井口三点成一线
			井架、井架底座结构件平、斜拉筋安装齐全平直、无扭斜、变形
			井架、井架底座结构件无严重腐蚀，井架笼梯及护栏齐全、可靠
			照明充足，防爆灯应固定牢固并拴保险链
			二层台、三层台、立管平台上栏杆应齐全，固定牢固，无损坏和断裂，无异物，井架上使用的工具应拴好保险绳
			二层台操作平台拉绳及绳卡应匹配、规范
			二层台配备两套安全带，手工具应拴保险绳
			大门坡道无变形，挂钩齐全，安装牢固，拴保险绳（链）
			钻台护栏齐全，下方安装挡脚板，缺口部位加防护链
			沙漠地区及寒冷地区（0℃以下）冬季施工时，钻台和二层台应安装围布，围布应完好、拴牢；含硫化氢油气层钻进时应采取通风措施
			死绳固定器及稳绳器安装牢固、可靠，挡绳杆、压板及螺栓、螺帽和并帽齐全，大绳缠满死绳固定器
			钢丝绳与井架无挂碰
			新钻机井架由制造商提供有效的检测报告；钻机井架出厂年限达到第八年进行第一次检测评定；评定为 A 级和 B 级且使用年限超过 12 年的井架每两年检测评定一次；评价为 C 级的井架每年检测评定一次
		天车	天车防松、防跳槽装置齐全，固定牢固，做好保养检查记录
			护罩、护栏、踢脚线齐全
			安装在天车上的辅助滑轮固定牢固
			滑轮安装拦绳杆，护罩无变形、磨损、偏磨
			轮槽无严重磨损，轴承保养良好
		游车及大钩	游车及大钩的螺栓、销子及护罩齐全紧固
			大钩转动、伸缩灵活，安装锁紧装置

续表

序号	设备名称	检查要点	主要检查内容
1	主体设备	转盘	固定、调节螺栓齐全，无松动
			转盘及传动装置油池油面在刻度范围内
			万向轴连接螺栓齐全，安装防松装置
			转盘及大方瓦锁紧装置可靠，工作灵活
		水龙头	水龙头转动灵活，润滑油和钻井液不渗漏
			水龙带宜用直径 16mm 的钢丝绳缠绕好做保险绳，并将两端分别固定在水龙头提梁上和立管弯管上
		井口工具	B 型钳、液压大钳尾绳固定牢固，不与井架大腿相连
			气动（液动）绞车安装牢固、平稳
			气动（液动）绞车起重钢丝绳采用绳卡卡牢，固定滑轮采用钢丝绳缠绕两圈卡牢
			风动绞车油雾器油量满足施工要求
			吊卡活门、弹簧、保险销工作灵活
			吊卡手柄固定可靠
			吊卡磁性销子拴绳牢固
			卡瓦、安全卡瓦销子、卡瓦牙板、保险链齐全紧固，灵活好用，钳牙完好紧固
			备用钻具止回阀应灵活可靠，旋塞扳手应与旋塞匹配
		绞车及安全装置	底座固定牢固，固定螺栓应安装并帽
			绞车滚筒上的绳头绳卡齐全、紧固
			当大钩下放至钻杆跑道时，绞车滚筒上钢丝绳不少于七圈
			绞车检修、保养或测井时，应切断气源或停掉动力，总车手柄应固定好并挂牌，指定专人看护。起重钢丝绳应采用与绞车相适应的钢丝绳，不打结。滑轮应封口并有保险绳
			绞车护罩安装齐全紧固，无损坏变形
			传动轴、猫头轴、滚筒轴的固定螺栓及并帽齐全紧固，无松动，牙嵌拨叉螺栓齐全，离合良好，各操作杆无变形、无松动，排挡把手安装锁销
			猫头应平滑无槽，固定牢固、无变形
			刹带曲轴套无旷动、调整可靠，安装防松装置
			刹带惰轮完好，刹带下方无杂物和油污
			平衡梁销子垫片、开口销齐全，支撑固定可靠，润滑良好、转动灵活，两端调整平衡

续表

序号	设备名称	检查要点	主要检查内容
1	主体设备	绞车及安全装置	盘式刹车液压泵油箱油面在油标尺刻度范围内,液压泵的工作油进口温度不应超过70℃
			盘式刹车滤油器无堵塞
			盘式刹车常开钳刹车块与刹车盘之间的单边间隙应不小于1mm,常闭钳刹车块与刹车盘的单边间隙应不大于0.5mm,无油污
			水刹车离合器摘挂灵活,水位调节阀门控制有效,不漏水,冬季停用时放水挂牌
			冷却风机不工作情况下不应使用风冷电磁刹车
			过卷阀防碰天车灵活可靠
			防碰天车工作时高低速离合器放气灵敏
			数码防碰天车屏显清晰,数字准确,报警灵敏
			机械式防碰天车(插拔式或重锤式防碰天车):阻拦绳距天车梁下平面距离应依据使用说明书进行安装,不扭、不打结,不与井架、电缆干涉,灵敏、制动速度快。用无结钢丝绳作引绳应走向顺畅,钢丝绳与上拉销连接后的受力方向与下拉销的插入方向所成的夹角不大于30°,上端应固定牢靠,下端用开口销连接,松紧度合适,不打结,不挂磨井架或大绳
		紧急滑梯	钻台紧急滑梯连接正确,下端采取缓冲措施,无障碍物
			二层台应配置紧急逃生装置和防坠落装置(差速器、保险带)
			高于地面2m的高处作业时应采取防坠落措施
		登高助力器	用直径13mm钢丝绳做配重滑道,直径9.5mm钢丝绳做导向绳,安装牢固,无断丝,配重滑动自如
		钢丝绳	钢丝绳绳卡与绳径相符,安装固定可靠,无打结和锈蚀
			起升大绳及绞车钢丝绳无扭曲、无打结和锈蚀
		顶驱	顶驱导轨无变形、裂纹,导轨连接销及U形卡锁销齐全有效
			顶驱主体各连接件及紧固件无松动,锁销齐全有效
			齿轮箱和液压油箱油位正常,润滑点加注油脂
			互锁功能齐全有效
			报警系统工作正常
2	司钻操作台及钻井仪表	司钻操作台	司钻操作台固定牢固,箱内阀件、管线连接可靠
			仪表、阀件齐全,标识清楚,阀件无锈蚀、卡滞,高寒地区冬季应采取保温措施
			电动钻机司钻操作台应防爆

续表

序号	设备名称	检查要点	主要检查内容
2	司钻操作台及钻井仪表	指重表及仪表	固定不与井架钻台直接接触
			指重表记录仪安装牢固，传压器、管线无渗漏
			指重表应按周期校验，记录仪工作正常
			钻井参数仪等各类仪表应定期校检
3	循环系统	罐体	循环系统罐面应平整，人孔盖板稳固，栏杆齐全，过道干净、畅通，无锈蚀破损，罐体各种阀件工作正常
		振动筛	振动筛安装牢固，润滑良好，工作正常，不外溢钻井液，筛网选用、安装正确
			应使用防爆电动机，护罩、挡板齐全稳固
		液气分离器	安装可靠，工作正常
			排气管线通径不小于150mm，接出井口50m以外
		液面自动报警装置及坐岗房	钻井液液面报警装置安装正确、连接可靠
			钻井液液面报警装置应根据罐内液面上、下限正常及时报警
			每个循环罐安装直读液面标尺
			坐岗记录完整、准确，有液面变化情况分析
		钻井液灌注装置	钻井液灌注装置配备计量罐，计量刻度标示清楚
			钻井液灌注装置管线连接正确，性能可靠
			除砂器、除泥器、除气器安装正确，运转部护罩齐全
		离心机	清洁卫生
			离心机安全保护装置完好，护罩齐全
		搅拌器	搅拌器护罩齐全，无漏油
			清洗钻井液罐应切断电源，挂检修警示牌
4	泵房设备	钻井泵	钻井泵安装牢固；润滑油应清洁，油面在油标尺刻度范围内
			运转部位护罩应齐全、稳固
			钻井泵十字头及滑板应润滑良好
			喷淋泵应润滑良好，不刺、不漏；水箱清洁，无污物，工作正常
			检修钻井泵时，应关闭断气阀，在钻台控制钻井泵的气源开关上悬挂"有人检修、禁止合闸"的警告牌，电动钻机应在总控制房内挂锁，关断电源
		钻井泵安全阀	钻井泵安全阀灵活、可靠、无锈蚀
			钻井泵安全阀定期检查、保养，做好保养记录
			钻井泵安全阀应按规定选用安全销

续表

序号	设备名称	检查要点	主要检查内容
4	泵房设备	钻井泵空气包	钻井泵空气包压力表和放气阀灵敏可靠
			截止阀灵活、有效，使用16MPa专用压力表，在12个月有效期内，表盘清晰、完好
			应充氮气或压缩空气，充气值为工作压力的20%～30%，压力不应大于6MPa，且不低于2.5MPa
		高压管汇	高压管汇固定牢固平稳，高压管汇不刺、不漏
			高压管汇闸阀、丝杆护帽、手柄齐全，润滑良好，开关灵活，闸阀不松旷
		其他	寒冷地区，安全阀、管线、阀件应采取保温措施
5	机房及传动装置	柴油机	柴油机零部件及护罩齐全、完整，各仪表应完好、齐全、灵敏、准确
			柴油机底座搭扣及连接螺栓齐全，固定螺栓牢固
			柴油机自动控制装置完好
			柴油机加压式水箱盖应齐全、可靠
			柴油机排气管安装灭火装置
			柴油机设备停用或检修时应挂牌
		柴油机及传动装置	油量在油标尺刻度范围内，有回油回收装置
			油、水、气无渗漏
			仪表齐全，工作正常
			转动轴应润滑，固定牢固，皮带齐全并保持松紧合适，护罩齐全完好紧固
		变矩器和耦合器	变矩器、耦合器工作可靠、正常，充油调节阀工作正常，与柴油机工作同步，无卡滞
			变矩器、耦合器油箱液面符合技术要求，散热良好
		其他	各转动部位护罩应齐全完好、固定牢固
			机房四周护栏应齐全牢固，梯子稳固，扶手光滑
			电动机接线应牢固，补偿器应灵活好用，铁壳开关完好，接地电阻不应超标
			电动压风机各部位螺栓应紧固，靠背轮连接完好，风扇皮带松紧合适，护罩齐全完好、紧固
			机房四周排水沟畅通，底座下无油污，无积水
6	供气系统	空气压缩机	空气压缩机压风机运转正常，固定牢固，一、二级温度正常，打气良好，连接处不漏气
			空气压缩机传动皮带松紧适度

续表

序号	设备名称	检查要点	主要检查内容
6	供气系统	储气瓶	储气瓶各阀门、管线应连接完好，无泄漏，瓶底无积水，安全阀灵敏可靠，压力表完好准确，储气瓶定期检测
			安全阀应灵敏可靠，一、二次压力表及管线齐全完好，安全阀应定期校检
		供气系统管线	供气系统管线安装牢固，严寒地区冬季应采取防冻保温措施
			供气系统各阀件工作灵敏、可靠
7	电气设备	电气设备的保护	同一供电系统内应采用一种接零或接地保护方式，两种方式不混用。
			井场供电系统重复接地不应少于三处，接地电阻不超标
			埋地电缆沿线进行标识，重车通过处应穿钢管保护
			主电路及分支电路电缆不应破开接外来动力线
		控制屏、配电屏及一、二次线路	控制屏、配电屏及一、二次线路完好，工作正常
			控制屏、配电屏及一、二次线路开关标注负荷名称
			配电屏安装低压避雷器，外壳接地良好，接地电阻不应超标
			配电屏前地面应铺设绝缘胶垫
		临时用电	临时用电专用配电箱输出回路应配漏电保护开关装置，安装位置应在防爆区以外
			临时供电线路不应使用绝缘破损、老化的导线及开关设备
			具备安装条件后，临时线路应立即拆除
		发电机	发电机组固定螺栓、护罩应齐全、紧固，油、水管线应连接完好，不渗漏；设施、工具清洁，摆放整齐
			发电机运行平稳，无异常声响，温度正常，油温、水温、机油压力符合规定
			发电机出线电缆配置符合容量要求
			发电机中性点、发电房及零母排接地可靠，接地电阻不超标
			发电房四周排水沟应畅通，内外无油污，无积水。废油池无渗漏
		架空线路	架空线路导线无松弛、断股、绝缘破损
			架空线路同一档内一根导线不应存在两个接头
			架空线路不应跨越油罐区、柴油机排气管和放喷管线出口
		场地供电	场地照明、电磁刹车、防喷器远程控制台用电应专线并单独控制，不受井场总电源开关控制
			供电线路进值班房、发电房、锅炉房、材料房、消防房等活动房时，入户处应加绝缘护套管。野营房内的照明灯应用绝缘材料固定

续表

序号	设备名称	检查要点	主要检查内容
7	电气设备	场地供电	电气设施进出线无破损、松动、发热
			金属结构房、移动式电气设备和电动工具应安装漏电保护装置，配电柜及其设施完好，配电柜前地面铺垫绝缘胶垫
			供电线路不应从油罐区上方通过
			不应将供电线路直接挂在设备、井架、绷绳、罐等金属物体上
		钻井液循环系统电气设备	钻井液循环系统、泵房等处的照明线路不应用铁丝绑扎敷设
			钻井液循环系统电气设施控制开关、启动装置、灯具及插接件使用防爆（有EX标志）器件
			钻井液循环系统罐面导线穿管敷设，不应有接头
		MCC房、SCR房和VFD房前场值班室	MCC房、SCR房和VFD房前场值班室开关操作灵活，安全可靠，按负荷设置，标识明确
			MCC房、SCR房和VFD房及前场值班室指示仪表齐全可靠
			MCC房、SCR房和VFD房及前场值班室零线、房体接地可靠，接地电阻不超标，配电柜金属构架应接地，接地电阻不超标
		变送电房（电代油装置）	房体清洁、无积灰、无油污、脱漆、漏水，摆放平稳
			高压电缆接头应规范处理，电缆无破损、发热等现象
			高压控制室清洁、空调正常、照明良好，指示仪表、避雷器齐全可靠
			散热系统风扇应运转正常。高温报警、保护功能应正常工作
			过载保护系统设定值准确，过载保护功能应正常
			低压配电室清洁、空调正常、照明良好，指示仪表齐全可靠
			接地装置完好，固定牢靠，中性点接地电阻值不超标
		电控房及动力系统（电代油装置）	电控房房体清洁、无积灰、无油污、无脱漆、无漏水，摆放平稳
			电控房内清洁、空调正常、照明良好，指示仪表齐全可靠
			电缆应规范安装，连接牢固，电缆无破损、发热等现象
			变频电机清洁、完好无锈蚀，防爆进线箱规范安装
			接地装置完好，固定牢靠，中性点接地电阻值不超标
8	冬季保温系统	锅炉	锅炉安全阀、压力表、水位表应完好并定期进行校验
			锅炉内水位应在标尺刻度范围内，每班至少冲洗水位表一次
			每班应进行锅炉排污
			罐上的保温管线每2h检查一次

续表

序号	设备名称	检查要点	主要检查内容
8	冬季保温系统	气管线	气管线不应跑、冒、滴、漏
			从锅炉房接出的总蒸汽管线应和高架油罐到机房、发电房的柴油管线靠在一起，机泵房、钻台的主气管线应和蒸汽管线靠在一起
			检查蒸汽管线内的积水，不应流入钻井液罐和处理剂水罐内
			蒸汽管线每次通完汽后应排放积水，不应冻结
9	油罐	油罐区	油罐区防静电接地装置电阻不超标
			油罐区应对角安装防雷接地桩，接地电阻不超标
			钢储罐防雷接引下线不应少于两根，并沿罐周均匀对称布置，其间距不应大于30m
			机油、柴油管线、流量计连接完好，无渗漏
			油罐区无油污、杂草；防油渗透层、油料回收池符合要求
			防火标志、消防器材齐全完好
10	气体钻井作业设备	空压机	各仪表、安全装置灵敏、可靠，显示屏数据读值准确
			机组无滴、漏、冒、异响
			机组外壳无不正常发热
			机组各润滑油油位符合要求
			冷却系统工作正常
			机组未超温、超压、超负荷运行
			机组内外卫生清洁
		增压机	各仪表、安全装置灵敏、可靠，显示屏数据读值准确
			机组无滴、漏、冒、异响
			各分离器排污装置可靠
			压缩机气阀工作正常
			机组外壳无不正常发热
			机组各润滑油油位符合要求
			冷却系统工作正常
			机组未超温、超压、超负荷运行
			机组各连接螺栓无松动
			机组内外卫生清洁

续表

序号	设备名称	检查要点	主要检查内容
10	气体钻井作业设备	膜制氮	各仪表、安全装置灵敏、可靠，显示屏数据读值准确
			制氮主机进气温度正常
			油水分离器工作状态正常
			聚结过滤器工作状态正常
			颗粒过滤器工作状态正常
			机组各连接螺栓无松动
			机组未超温、超压、超负荷运行
			机组内外卫生清洁
		雾泵	各仪表、安全装置灵敏、可靠，显示屏数据读值准确
			机组无滴、漏、冒、异响
			机组各润滑油油位符合要求
			泵钢体、柱阀件工作状态正常
			机组各连接螺栓无松动
			机组未超温、超压、超负荷运行
			机组内外卫生清洁
		旋转防喷器	液控箱各仪表、安全装置灵敏、可靠
			液控箱润滑油、冷却水符合要求
			润滑、冷却系统无滴、漏
			胶芯无刺漏
			总成卡箍无松动
			壳体连接螺栓无松动
		供气管汇	固定、连接无松动
			管线无刺漏
		排砂管线	固定、连接无松动
			管线无刺漏
			取样口无堵塞
			出口降尘良好

续表

序号	设备名称	检查要点	主要检查内容
11	欠平衡钻井作业设备	旋转防喷器	壳体机械锁紧和液压锁紧装置齐全有效
			控制系统仪表完好、灵敏
			控制系统电源线规范
			控制系统润滑油、冷却水的量符合要求,润滑油、冷却水无滴、漏
			旋转防喷器胶芯无刺漏
		欠平衡节流管汇	欠平衡节流管汇压力表检验合格,灵敏可靠
			各阀门开关状态挂牌标识明确
			节流阀和平板阀开关灵活
			循环通道通畅无堵塞
		液气分离器	分离器摆放平稳,至少用均匀分布的三根大于或等于$\phi16mm$的钢丝绳绷紧固定
			分离器出液管固定牢固
			安全阀检验合格,并正确安装
			压力表检验合格,灵敏可靠
			排气管线无刺漏
12	控压钻井作业设备	旋转防喷器	壳体机械锁紧和液压锁紧装置齐全有效
			控制系统仪表完好、灵敏
			正确接地,接地电阻不超标
			控制系统润滑油、冷却水的量符合要求,润滑油、冷却水无滴、漏
			旋转防喷器胶芯无刺漏
		自动节流管汇	压力表检验合格,灵敏可靠
			各阀门开关正确、到位,挂牌与开关状态一致
			正确接地,接地电阻不超标
			节流阀和平板阀开关灵活
			循环通道通畅无堵塞
		数据监控房	距离井口不低于30m
			正确接地,接地电阻不超标
			UPS处于在线供电模式
			监控软件通信正常,实时数据正确

续表

序号	设备名称	检查要点	主要检查内容
12	控压钻井作业设备	回压补偿系统	正确接地，接地电阻不超标
			压力表检验合格，灵敏可靠
			安全阀检验合格，并正确安装
		液气分离器	分离器摆放平稳，固定牢靠
			分离器出液管固定牢固
			安全阀检验合格，并正确安装
			压力表检验合格，灵敏可靠
			排气管线无刺漏
13	中途测试作业设备	远程液动阀	控制管线、无变形和破损
			动阀开关正常，开关状态与挂牌一致
		转向管汇、节流管汇	压力等级符合要求
			连接螺栓、闸阀开关灵活，有开关标识牌
			按要求试压合格
		热交换器	阀门开关正常，开关状态与挂牌一致
			压力表、温度表安装、量程符合要求
			按要求试压合格
			压力表、温度表和泄压截止阀完好
			压力容器检验合格证、安全阀检验合格证齐全
			按要求试压合格
		蒸汽发生器	安装位置周边无易燃易爆物品
			电缆线路、电气开关正常、防爆
			仪器完好、安装正确
			安全阀在校验有效期内
			接地线连接安装合格
			室内清洁卫生
			稳压电源、UPS 工作正常
			计算机运行程序、数据采集正确
			传感器量程符合要求，数据准确，并做防水保护处理
			数据传输线、接地线连接安装合理

续表

序号	设备名称	检查要点	主要检查内容
13	中途测试作业设备	除砂器	闸阀开关灵活，开关标识牌齐全、正确
			排砂管线出口接至安全地带，固定牢固，走向平直
			砂筒、油嘴安装、运行符合要求
			压力表量程符合要求，校验合格
			试压合格
		井下测试工具	测试工具规格、型号符合要求，工具维修、保养和现场检查记录齐全
			测试工具进行现场功能试验
			测试管柱符合要求
			螺纹无破损，封隔器无刮伤
			工具内、外径及压力设置符合要求
14	定向井作业设备（有线类）	滑轮	钢丝绳无死结、无扭伤、无断丝、无松散，钢丝绳套采用Y5-15型绳卡卡牢，由定向井现场负责人负责检查
			地滑轮采用钢丝绳长度适度；钢丝绳无死结、无扭伤、无断丝、无松散。钢丝绳卡卡牢，由定向井现场负责人负责检查
			地滑轮固定在钻台大门前方，并用支架支撑，锁住保险销，由定向井现场负责人负责检查
			天、地滑轮的安装位置与电缆滚筒中心线在同一平面内。井队负责将天滑轮挂在井架上，高度应满足起下仪器要求，固定牢固，锁住天滑轮保险销，由定向井现场负责人和井架工负责检查
			定向井现场负责人负责检查电缆绝缘性
		循环头和手压泵	随钻测量工检查循环头本体完好，螺纹无损伤，各轴承连接部位活动良好
			随钻测量工检查液压缸清洁，弹簧完好，电缆橡胶密封件合格
			随钻测量工检查手压泵完好，加满液压油，液压管线接头完好、清洁
15	定向井作业设备（无线类）	其他要求	在井架大门前摆放电缆绞车，地面平整、安全，后轮垫好碾木
			井队负责将循环头与水龙带用钢丝绳安全连接，重合部位应用三个绳卡卡牢，由定向井现场负责人负责检查
			绞车室气刹车、排绳器操作灵活，刹带固定良好，各压力表读数正确，由定向井现场负责人负责检查

续表

序号	设备名称	检查要点	主要检查内容
15	定向井作业设备（无线类）	工作间	应配备温控设备，工作间温度宜在15～25℃，工作间中配备不间断电源
			锂电池未入井时应存放于专用保管箱内，专用保管箱放置于离地20cm以上的货架上，存放时针脚戴好护帽与金属物隔离
			工作间按要求接好设备接地线，电阻不超标
			设备、工作间接电前，检查并确保电缆线的绝缘胶皮完好
			工作间进户线应加绝缘护套管
		探管总成	探管应专业校准合格并在有效期内，校准证书齐备
			探管外观无损坏、无弯曲变形，接口、螺纹洁净，更新密封圈，地面检查工作正常
		脉冲发生器总成	脉冲发生器检验性能正常，本体外观无损坏变形，接口螺纹清洁无损坏，配件清洁，更新密封圈
		仪器专用短节	脉冲发生器悬挂短节应按规定要求进行探伤，并有相应的检验报告
		LWD地质参数测量仪器总成	LWD地质参数仪器校准合格并在有效期内，校准证书齐备
			专用钻铤和仪器无外伤，探伤合格
16	取心作业设备	取心钻头	钻头型号符合钻井相关要求，外观无损伤，各项尺寸及扣型与取心筒匹配
			钻头切削齿出刃均匀、内腔光滑、螺纹完好、水眼畅通
		取心筒	内、外筒外观检查，要求无弯曲变形、无咬扁、无严重伤痕、无刻痕及损伤；所有连接螺纹完好无损，松紧适中，紧密距符合规定要求
			认真丈量、计算、记录和调配所用取心工具，保证工具组装后间隙合适、数据准确。例如，丈量内、外筒长度和内、外筒直径，岩心爪张开与闭合的内径，岩心爪座的最小内径，稳定器的外径，循环钢球的直径与球座内径等
			岩心爪内外直径符合取心要求。爪片弹性好，爪齿耐磨强度高，爪片居于同一圆周线上。对卡箍式岩心爪，应检查卡箍及卡箍座，保证卡箍弹性好，卡箍及卡箍座无裂纹、无损伤、无毛刺；卡箍与卡箍座配合面吻合良好、表面光滑，两者配合后卡箍上下活动自如
			悬挂总成应拆开检查，涂抹润滑脂。组装后间隙合适，转动灵活；有单流阀座应检查其球座是否光滑、无损伤
			检查岩心筒稳定器的外径，稳定器外径既不应大于相应钻头的外径，又不应小于取心钻头外径
		附件	配备足够的取心易损件（卡箍座、岩心爪等），岩心钳灵活、好用
			附件箱内其他附件齐全、完好

续表

序号	设备名称	检查要点	主要检查内容
17	顶驱	导轨	末端与钻台面高度符合要求
			导轨本体无裂纹,销孔无变形
		反扭矩梁	反扭矩梁固定螺栓紧固可靠、无松动
			顶驱主轴中心线与井口对中,符合使用要求
		提环机构	防松装置、锁紧钢丝齐全,有损探伤报告
		鹅颈管、冲管总成	沉槽内无钻井液堆积,排泄槽无堵塞
			水龙带所用立管靠前场,和游动电缆无干涉
			水龙带固定牢靠,装防脱链或用钢丝绳缠绕,固定钢丝绕制不会刮伤电缆
			锁紧钢丝、螺栓齐全
		护栏	固定螺栓齐全、无松动
			本体无裂纹、变形
		减速箱	运转正常、无异响,温升正常
			齿轮箱呼吸器通畅、无堵塞
		内防喷器	动作灵活、关闭可靠
			防松装置及配件齐全、紧固可靠
		工具提篮	绳具使用规范,连接正确、安装可靠
			本体外观检查无缺陷
		平衡机构、倾斜机构	连接螺栓、弹簧垫、别针齐全紧固
			油缸完好、无漏油,动作灵敏,同步良好
		回转机构	转动灵活,无卡滞
			旋转马达工作正常、无泄漏
			回转头机构锁紧装置锁紧可靠
		背钳机构	导向环和扶正环能满足使用要求,固定螺栓、锁紧钢丝齐全
			背钳液缸密封良好、无漏油
			背钳钳头固定良好、无松动
			钳牙磨损程度在规定范围内
		主电动机及风机	运转正常、无异响,温升正常
			百叶窗、防护网无破损和污物堵塞
			电动机电缆连接牢固

续表

序号	设备名称	检查要点	主要检查内容
17	顶驱	液压盘式刹车	控制动作正常，运行可靠
			控制管线无泄漏
		液压站	运行时无异常振动、噪声、发热
			开关操作灵活可靠，压力表完好、指示正确，系统压力正常，油箱过滤器清洁指示正常
			油箱油质油位符合要求
			操作阀件灵活可靠，控制管线无破损、泄漏
			储能器压力符合要求
		液压管线	液压管线、接头无破损、无漏油
			游动管线固定牢靠，保险装置齐全
		电缆	外观清洁完好、无破损
			接插件连接牢固可靠
			电缆悬挂牢固可靠，安装架螺栓齐全、连接可靠，锁紧钢丝齐全牢固
		电控房	室内绝缘胶垫完整、清洁、无杂物
			室内应安装有应急照明灯，且功能正常
			室内空调机，应能正常工作
			控制屏应安装牢固，指示灯、仪表指示正常，开关操作灵活、可靠并有标识
			房体应接地，检测接地电阻符合要求
			进出电缆线及接地线应有明确的标识，进出电缆线有防护措施，无挤压、破损、松动和发热现象
			电气联锁保护功能正常
		司钻操作台	仪表、指示灯齐全，工作正常，标识清楚
			箱内阀件、管线连接可靠，无松动、无泄漏，正压防爆有效
			控制开关齐全，操作灵活可靠
18	值班室	报表	班报表、设备运转保养记录填写正确、真实，字迹清楚、整洁
		任务书	生产任务、工况、技术措施、安全措施、交接班注意事项清楚、明确
		工具记录	备用钻具、出入井钻具记录填写齐全准确
		电气设施	固定式硫化氢气体检测仪报警控制主机完好、指示正确
			电气设施完好，无私拉乱接情况
		其他	值班室内整洁，各类资料摆放整齐

三、钻井施工 HSE 监督要点

钻井施工主要包括钻进作业、起下钻作业、下套管作业、固井作业、测井作业、完井作业、中途测试、气体钻井、欠平衡钻井、控压钻井、定向作业、取心作业等内容。在钻井施工过程中，需要对作业队伍风险控制情况进行监督检查，及时发现和处理各类隐患和问题，确保钻井施工安全进行。钻井施工 HSE 监督要点详见表 5-3。

表 5-3　钻井施工 HSE 监督要点

序号	工序过程	检查要点	主要检查内容
1	钻进作业	钻进作业	开泵时观察压力表，压力不应超限；阀门组开关不正确或高压区有人不应开泵，上水、润滑、冷却不良应及时停泵
			方钻杆入井口应平稳，方补心同转盘啮合良好；启动转盘时扭矩不应超限
			钻进作业时司钻精力应集中，不溜钻，不顿钻；注意观察指重表压力表等仪表，同时观察设备状态，注意判断井下状况，采取正确措施
			钻台上应至少有一名钻工值班，帮助司钻观察立管压表变化
			吊单根时钻杆不应坠落、伤人；钻杆在吊动过程中不应挂碰；小绞车钢丝绳工作正常
		接单根作业	待转盘停稳后方可上提方钻杆。上提方钻杆悬重应正常
			游车停稳后方可开吊卡或扣吊卡；若使用卡瓦，应确认钻具坐稳
			提方钻杆至小鼠洞对扣紧扣不应错扣；不应遮挡司钻视线
			提单根至井口，对扣、上扣不应碰撞钻杆螺纹
			开泵、下放钻具，悬重应正常
		钻鼠洞作业	吊鼠洞管时绳索应完好，绳扣应拴牢，起吊时指定专人指挥，不应挂碰
			防井口坍塌
			下鼠洞管，人员应退至安全位置
		开泵操作	阀门组开关状态正确，专人指挥开泵
			开泵时泵压表正常，井口钻井液返出正常
			发生蹩泵时，应立即停泵
			开泵时，无关人员应离开泵房及高压管汇处
			冬季开泵应提前预热泵的保险阀和压力表，并人工盘泵
		接、甩钻具作业	钻具上下钻台带好护帽，钻台和场地人员站在安全位置
			小绞车操作者与司钻密切配合，并指定专人指挥
			小绞车起吊不大于安全负荷，且性能良好
			方钻杆在井口松扣时，不应退扣太多

续表

序号	工序过程	检查要点	主要检查内容
1	钻进作业	拔鼠洞	绳套固定牢靠，上拔时人员离开鼠洞附近、站在安全位置
			拔鼠洞管应缓慢、断续上提
			绷鼠洞管下钻台时应操作平稳，配合得当
			在向场地绷鼠洞管时，人员应位于安全位置
2	起下钻作业	接钻头作业	不应用转盘引扣和上扣；对扣、上扣、紧扣符合操作规程，不应错扣和缠乱猫头绳，紧扣时外钳工处于安全位置
			提钻头出装卸器不应挂出装卸器
		下钻铤作业	起空吊卡至二层台，防止滚筒钢丝绳缠乱，信号应准确；旋绳、猫头绳无断股、扭结，钻铤螺纹及台肩无损伤；密封脂涂抹均匀，防止涂油刷落入钻具水眼内
			提钻铤出钻杆盒、对扣时起升高度适宜，立柱不应摆动碰伤人员、设备、钻具；井口操作人员不应遮挡司钻视线
			上扣、紧扣时防止猫头绳缠乱，井架工应观察提升短节无倒扣
			卸安全卡瓦时防止落物入井；工具不应放在转盘面上，上提钻铤应平稳操作
			下钻铤入井刹车高度适宜；卡瓦、安全卡瓦应卡牢
		下钻杆作业	起空吊卡至二层台，吊卡不应挂钻杆接头，游车不应挂碰指梁及操作台，立柱不应倒出，井架工不应扣飞车，不应用手抓钻杆内螺纹
			提立柱至井口应将钻杆用手或钻杆钩扶稳，立柱不应摆动
			对扣、上扣、紧扣，不应顿钻具接头，错扣、磨扣，双台肩扣钻具应使用对扣器
			坐吊卡、拉吊环、挂空吊卡，下放吊环位置适宜，动作协调，不应遮挡司钻视线
			下带止回阀的组合钻具，应按20~30柱灌满钻井液，灌钻井液时应上下活动钻具
		挂方钻杆作业	拉吊环时配合协调；锁大钩时大钩开口同水龙头提环方向一致
			挂水龙头应平稳起车
			提方钻杆出鼠洞及对扣时，游车、方钻杆不应摆动；方钻杆用小绳索送至井口，不应遮挡司钻视线
		起钻杆作业	起钻杆之前应确认防碰天车工作正常，起立柱不应挂单吊环；每起出3~5柱钻柱将井内钻井液灌满；钻杆、大绳及悬重正常
			双钳松扣、旋绳卸扣应执行操作规程，液气大钳卸扣时应关好安全门
			提立柱入钻杆盒，游车不应压立柱，立柱不应摆动；推（拉）钻杆立柱入钻杆盒时应使用钻杆钩，立柱不应倒出
			盖好井口和小鼠洞口
			放空吊卡于转盘面应操作平稳；吊卡不应碰钻杆接头

续表

序号	工序过程	检查要点	主要检查内容
2	起下钻作业	起钻铤作业	接提升短节应平稳提放；先引扣、扣吊卡，再用双钳或液气大钳上紧
			坐好卡瓦，卡好安全卡瓦，不应将安全卡瓦随钻铤带至高处
			放空吊卡至井口不应挂指梁；二层台应将钻铤固定牢固，钻铤立柱不应倒出
			每起一柱钻铤应向井筒内灌满钻井液，起完钻铤应将井筒灌满钻井液
		卸钻头作业	钻头入装卸器不应顿坏装卸器
			用吊钳松扣，用手或链钳卸扣，不应用转盘绷扣和卸扣
3	下套管作业	套管作业	工程技术人员进行技术交底；作业前对地面设备进行检查，确认固定部位安全可靠，转动部分、旋转下套管设备运转正常，仪表灵敏准确，应做好记录
			套管上钻台应戴护帽，绳套应牢固，吊套管上钻台不应挂碰，场地上人员及时离开跑道，站在安全位置
			不应在井口擦洗套管螺纹、抹密封脂；井口套管应用套管帽盖好
			下套管时，井场应使用一只内径规，并指定专人看管，每根套管同井内套管柱连接前和交接班都应见实物，下完套管回收
			上提套管对扣应把护丝置于安全位置
			井口有人操作时不应吊套管上钻台
			管串的下入速度应缓慢均匀；在易漏井段，控制下入速度
			下套管过程中，分段灌满钻井液，应指定专人双岗制负责观察钻井液出口、钻井液循环池液面变化情况
4	固井作业	地面流程	井口水泥头和地面管线安装固定牢固，试压合格
			水泥头挡销应安全、灵活，开挡销时操作人员不应正对挡销
			管线旋塞、弯头连接正确，灵活有效
			车辆设备摆放符合施工要求，安全通道畅通
		施工作业	固井前进行技术交底，明确施工指挥
			仪表监测线应连接正确，超压装置灵敏可靠
			人员不应站在高压管线及阀门附近
			替钻井液时应先开水泥头挡销再开泵
			固井残留液应统一回收处理
5	测井作业	现场准备	测井队长与相关方充分沟通和技术、安全交底，队内召开班前会提出安全要求和注意事项
			施工场地、井口、井筒等作业环境符合测井施工要求
			作业区域正确设立了隔离标识和警示标识，对外来人员进行了风险告知和提示
			班组成员全部正确佩戴劳动防护用品

续表

序号	工序过程	检查要点	主要检查内容
5	测井作业	施工作业	正确安装和摆放井口设备、绞车，车辆接地良好，必要时正确安装放喷装置并确保处于正常工作状态
			张力、深度系统正常，正确设置校正系数和报警提示值
			下井仪器配接顺序符合要求，各种顶丝、销钉等到位可靠
			装、卸放射源前应盖好井口，佩戴防护用品和个人辐射剂量计，正确使用工具，装源前对仪器源仓进行检查，卸源时对源进行清洁并确认完好
			电缆运行时，绞车后不应站人，不应触摸、跨越电缆
		其他要求	作业完后回收施工产生的垃圾和报废民爆物品，清点放射源等物品确认无误
6	完井作业	完井井口装置	完井井口装置试压应使用试压塞，按采油（气）树额定工作压力清水试压，不渗不漏，稳定时间和允许压降符合要求，应做好记录
			套管头和采油（气）树零部件完整、齐全、清洁、平正，阀门开关灵活，不渗漏
			未装采油（气）树的井口应在油层套管上端加装井口帽或盲板或井口保护装置，并在外层套管接箍上做明显的井号标志
		其他要求	完井后做到工完料净场地清，井场周围清污分流、沟渠畅通
7	中途测试	地面流程安装要求	各管线平实固定在地面，若因地形特殊，有较高或较长的悬空段应将管线支撑固定牢固。地层较软时，基墩坑应加深。出口及拐弯处基墩坑尺寸应加大
			地面安全阀控制系统的放置位置应在安全且易于操作的地方
			测试工负责检查放喷管线位置，应在车辆跨越处装过桥盖板或其他覆盖装置
			保持井口、地面测试流程等各施工现场通风良好，在井场、放喷口周围按照要求设置风向标
			数据采集房、计量罐等设备的防雷、防静电接地装置接地线电阻不超标
		下测试管柱	油管入井前必须用标准内径规逐根通内径，并按试油管柱结构要求顺序入井，并检查吊卡是否与入井油管相匹配
			测试工具分段在地面连接好，用绷绳绷上钻台，再用大钳紧扣。大钳紧扣时，防止咬坏工具。封隔器管柱入井后，不应转动转盘
			必须将油管螺纹清洗干净，按规定的扭矩上扣
			保证指重表完好，自动记录仪可靠
			下管柱时平稳操作，严格控制测试管柱的下放速度
			下管柱时使用双吊卡，并经常检查和更换与油管相匹配的吊卡，防止管柱落井
			下钻时应盖好井口，保管好井口工具，防止落物入井

续表

序号	工序过程	检查要点	主要检查内容
7	中途测试	排液、测试	排污管线固定牢固并接入污水池
			对节流多、易冰堵等情况的井与管线采取保温措施
			地面流程按要求试压合格
			放喷排液时防止放压过猛对井内造成剧烈的压力波动，损伤油、套管，同时防止憋抬地面管线
			测试过程中，天然气喷出后应立即烧掉
			测试过程中监测大气中的硫化氢含量，并采取相应防硫措施
			测试过程中如发现节流阀、闸阀和管线刺坏，应及时整改和更换
			定期观察油、套压变化，以便分析、判断封隔器及测试管柱密封情况
			施工人员应熟悉井场地形、设备布置、硫化氢报警仪的放置情况和风向标位置，以及安全撤离路线等
		关井	关井期间，数据采集系统要记录好井口油、套压数据，注意套压和各级套管间环空压力变化情况，防止窜漏压坏套管
		起测试管柱	起钻时平稳操作，不应猛提、猛放、猛刹车，严格控制起钻速度，防止发生抽吸
			起钻过程中盖好井口
			起管柱过程中不应转动井内钻具，用转盘卸扣
			及时向井筒内灌满压井液，防止灌压井液不及时造成井涌、井喷
8	气体钻井	准备	设备摆放遵循"平、稳、正、齐"的原则
			充分利用场地空间，保证作业区域通道畅通
			设备、野营房应通过总等电位联结实现工频接地、防静电接地和防雷接地
			设备应挂牌，落实专人管理
			橡胶软管应缠绕保险绳，符合要求并固定牢靠
			泄压管线出口应安装消声器
			供气管线高压、低压禁止串联
			排砂管线出口位置应合理
			岩屑取样口宜安装在井场外和降尘水入口前面
			不需要点火的气体钻井排砂管线出口应接至利于岩屑和液体存放的地方；需要点火的气体钻井排砂管线出口应接至具备点火条件，以及利于岩屑和液体存放的地方
			设备试压作业前应按要求做好工作安全分析

续表

序号	工序过程	检查要点	主要检查内容
8	气体钻井	准备	设备试压作业前应对相关人员进行技术交底和岗位分工
			设备试压结果应达到技术要求
			钻井液储备符合要求
			按要求进行气体钻井技术交底
			防喷演习达到要求
			安全设施配置符合要求
			人员持证符合要求
			开钻验收合格
		钻塞	钻具组合符合要求
			钻过附件后反复划眼几次，打捞干净
			钻塞完按要求用清水清洗井筒
		气举	作业前应按要求做好工艺风险评估
			专人负责控制节流阀开度，防止井筒返出液体污染环境
			气举、干燥过程中应注意对可燃气体、有毒有害气体的监测，如全烃超过安全值，返出气体经液气分离器，排气口点长明火
		钻进	作业前应按要求做好工艺风险评估
			入井钻具、工具达到钻井工程要求
			扶正器应为气体钻井专用扶正器，不应使用螺旋钻铤
			送钻均匀，防止溜钻、顿钻，钻井参数应根据机械钻速、井下等情况及时合理调整
			钻井队安排专人在钻台坐岗，负责记录钻井参数，发现异常及时报告
			钻井队安排专人在气体返出口坐岗，负责观察气体返出和降尘情况，发现异常及时报告
			钻井队安排专人在场地坐岗，听到井控信号，负责迅速打开至燃烧池的内控闸阀
			地质录井安排专人在线监测坐岗，负责烃类物质的监测，发现气测异常，及时报告
			地质录井安排专人负责观察返出岩屑情况，发现异常，及时报告
			扶钻人员发现异常应停止钻进，分析原因，正确处理
			成立现场工作小组，定期召开生产分析、安全问题讨论和开展各项整顿工作等活动

续表

序号	工序过程	检查要点	主要检查内容
8	气体钻井	钻进	目的层和天然气钻进，气体返出口应点长明火
			钻井液定期搅拌维护，保证其可泵性
		接单根	钻台上应有专人负责发出停、供气（液）信号
			泄压操作人员清楚工艺流程
			泄压作业按要求进行
			严格执行"晚停气、早开气"的技术措施
		起钻	起钻前充分循环
			起钻过程注意盖好井口，防止落物入井
			拆卸旋塞阀和止回阀按顺序进行操作
			倒出的止回阀和旋塞阀由钻井队技术负责人检查，确认合格方可再次入井
			地层有显示时按要求进行起钻
			起钻完按要求对井口装置进行吹扫并活动井控装置
		下钻	钻具组合符合要求
			空气锤入井前应进行测试
			下钻过程注意盖好井口，防止落物入井
			下钻至适当位置，按井控要求活动井控装置
			长段划眼不应用空气锤，应使用牙轮钻头
			划眼时严格控制钻压和速度，密切注意吨位、扭矩等参数变化，防止发生钻具事故
			地层有显示时按要求进行下钻
			替入钻井液充分循环
			替浆施工中应始终保持转动并均匀上提下放钻具，防止卡钻
			替浆施工应保持连续作业
			据井下情况，替浆后可采用不同排量、高密度钻井液循环举砂，以确保井眼正常
			有油气显示时井筒返出钻井液应通过分离器至振动筛
9	欠平衡钻井	准备	专业技术人员进行技术交底
			对欠平衡钻井设备进行试运转，确认固定部位安全可靠，转动部分运转正常，仪表准确灵活

续表

序号	工序过程	检查要点	主要检查内容
9	欠平衡钻井	欠平衡钻进	钻井队、录井队指定专人进行循环罐液面坐岗监测，并做好记录
			欠平衡钻进期间，欠平衡值班人员对旋转防喷器、欠平衡节流管汇液气分离器等欠平衡设备巡查，填写好记录
			钻井队、录井队和欠平衡值班人员均配备可燃气体监测仪
			接单根后，打磨钻具接头上的毛刺
			控压钻进过程中接单根，开泵、停泵司钻控制台应发出信号
		更换胶芯	更换胶芯前，应保证井筒内钻具位于安全井段
			打开卡箍之前，泄环形防喷器和旋转防喷器之间的圈闭压力
			人员在井口拆装旋转控制头时，必须系好保险带
			旋转控制头拆装过程中，钻井队指定专人操作气动绞车
			吊装旋转控制头使用绳索具应有足够载荷
			上提、下放旋转控制头时，气动绞车配合游车同步移动
		起下钻	钻遇油气显示后，起钻前必须进行短程起下钻作业
			起下钻过程中，专人进行液面坐岗监测，做好记录
			起钻过程中，应连续向井筒中灌入钻井液，所灌入钻井液体积不能小于起出钻具体积，安排专人对灌浆量进行核实
			钻头起过全封闸板后，必须关闭全封闸板
			下钻过程中，液面坐岗人员应对井筒返出钻井液量进行核实
			更换钻头/钻具组合下钻到井底后，按规定做低泵冲试验，记录试验数据
10	控压钻井	准备	设备试压合格
			设备进行试运转，确认固定部位安全可靠，转动部分运转正常，仪表准确灵敏
			专业技术人员进行技术交底
			防喷演习达到要求
			开钻验收合格
		控压钻进	按要求做低泵冲试验，并做好记录
			含硫地层按要求加入除硫剂，pH值符合要求
			钻井队、录井队指定专人进行循环罐液面坐岗监测，并做好记录
			控制井筒压力当量密度在安全密度窗口范围内钻进
			实时监测或计算井底压力变化，控制井底压力平稳

续表

序号	工序过程	检查要点	主要检查内容
10	控压钻井	控压钻进	发现硫化氢按照相关应急预案执行
			值班人员定期对控压钻井设备进行巡查,填写好记录
			含硫地层各岗位按照要求携带便携式硫化氢气体检测仪
			接立柱(单根)后,打磨钻具接头上的毛刺
			始终保持井底压力的平稳
		换胶芯	更换胶芯前,应保证井筒内钻具位于安全井段
			打开卡箍之前,泄环形防喷器和旋转防喷器之间的圈闭压力
			人员在井口拆装旋转控制头时,必须系好保险带
			旋转控制头拆装过程中,钻井队指定专人操作气动绞车
			上提、下放旋转控制头时,气动绞车配合游车同步移动
			始终保持井底压力的平稳
			起钻速度符合井控要求,并能满足井口套压稳定和旋转防喷器允许起钻速度的要求
			坐岗人员核对好灌入量,发现异常立即汇报
			替入重浆帽后,液面不在井口,宜采用环空液面监测仪定期监测液面高度,根据漏失情况确定灌入量
			钻具外径超过旋转防喷器通过能力,应提前取出旋转总成
		控压下钻	止回阀入井之前,检查其密封可靠性
			坐岗人员核对好返出量,发现异常立即汇报
			下钻至重浆帽底部,安装旋转总成,替出重浆帽
			控压下钻速度符合井控要求,并能满足井口套压稳定和旋转防喷器允许起钻速度的要求
			控压下钻要求每柱打磨钻杆接头毛刺
			下钻到底,循环排后效,钻井液密度循环均匀恢复钻井
			有线绞车电缆线无腐蚀、无断丝、无变形、无松散,通信良好,由定向井现场负责人负责检查
			绞车刹车系统、提升系统负载可靠,由随钻测量工负责检查
			有线绞车各油、气、水、电路完好,由绞车工负责检查
			探管连线接头密封圈完好,触点清洁,无断路、无漏电,由定向井现场负责人负责检查

续表

序号	工序过程	检查要点	主要检查内容
10	控压钻井	控压下钻	加长杆长度应保证仪器传感器的位置处于距无磁钻铤下端3m以上且连接牢固；抗压筒无弯曲变形，密封圈完好；减震弹簧无变形配有保护帽，由随钻测量工负责检查
			下放仪器时，观察计算机上的探管温度显示不应超过探管最大允许工作温度，由定向井现场负责人负责检查
			电缆卡子卡好后，将绞车倒至空挡，缓慢松开刹车，检查电缆卡子是否卡牢，确认卡牢后，将刹车全部松开。由定向井现场负责人负责检查
		钻进	不应采用转盘带动钻具方式钻进，由井队负责检查
			钻进过程中，应将绞车挡位倒至空挡，滚筒刹车松开，由随钻测量工负责检查
		取仪器	绞车工应控制电缆上提速度，电缆的松紧及拉力显示应处于正常范围
			绞车工在上提电缆过程中，绞车电缆应排列整齐，最上一层电缆应涂油防锈
		卸天、地滑轮	钻井队先用气动绞车提起天滑轮后，井架工再撤卸天滑轮
			钻井队用气动绞车缓慢将天滑轮、地滑轮下放至跑道上
11	定向作业	施工现场准备	仪器工作间宜摆放在井场安全平整易于观察井口的位置
			各种地面传感器安装在指定位置，按井场安全要求布线，连接地线接入电源，由定向井现场负责人负责检查
			安装、拆卸压力传感器前，要求钻井队停止钻井泵运转，上锁挂签确认压力表显示压力为零、小循环泄压阀门打开后，方可作业
			按仪器的操作规程组装仪器，组装仪器时不应阻挡井场通道
			仪器组装完，上下钻台时应使用专业吊索、吊具，钻井队操作风动绞车，定向井现场负责人负责指挥，其他人员站位正确
		仪器测试	仪器浅层测试前应检查循环系统、立管阀门开关是否正确
		下钻	如有高温地层，在下钻时宜采取分段循环降温的措施
			弯螺杆马达钻具组合下井，不应划眼和悬空处理钻井液，遇阻应起钻通井，避免划出新眼
			下钻过程遇阻，缓慢转动转盘下放
		钻进	下钻到底后，开泵循环，观察悬重、泵压变化情况并记录，待仪器信号正常后，再逐步加至给定钻压。钻进时，密切注意泵压变化，当发现泵压突然上升时，应及时将钻具提离井底，分析原因，决定是否起钻检查
			仪器入井后，开泵循环及钻进时，钻杆上必须安放钻杆滤清器
			钻具在裸眼井段静置时间不能太长，不允许长时间定点连续转动钻具
		起钻	起钻时按照井控要求灌满钻井液，认真记录每次起钻遇阻卡位置，键槽遇卡时不应硬拔

续表

序号	工序过程	检查要点	主要检查内容
11	定向作业	回收与保养	井口操作仪器时检查提升杆件，做好安全措施
			确认锂电池组无发热、膨胀现象后，方可拆卸锂电池。否则立即将锂电池组件隔离、放置到远离人员活动的区域，进行专门处理
12	取心作业	作业要求	作业前对工具全面检查，工具钻头完好，外径符合井眼直径
			不同类型的取心工具按照相关规定调整纵向间隙值
			按照要求的转速、排量、钻压进行作业
			欠平衡取心作业在井口组装拆卸工具时关好防喷器
			岩心出筒时应配备有害气体监测仪，灵敏可靠
			出心时正确使用岩心钳，岩心不应滑出
		工具装卸	装卸和拉运取心工具时，应防止管端下垂造成弯曲；螺纹带好护丝避免碰坏螺纹
			卸车时，应两头用绳子慢慢下放，防止把取心工具碰扁摔弯
		钻台组装	认真检查绳套，戴好护丝，平稳上吊至钻台，在吊装过程中，防止碰撞
			上钻台后卸掉外筒护丝，用液气大钳或B型钳将取心钻头上紧，在紧钻头扣时，在钻头周围加保护物，防止紧扣时损伤取心钻头
			内筒螺纹用链钳紧扣，调好间隙，用液气大钳或B型钳上紧外筒螺纹
			装卸钻头应使用钻头装卸器；井口操作过程中盖好井口，严防落物入井
			欠平衡取心作业在井口组装拆卸工具时关好防喷器
		下钻	下钻操作平稳，不应猛刹、猛放、猛顿、猛转，防止钻具剧烈摆动
			下钻至井底0.5~1m时，开单泵循环钻井液（控制启动泵压），平稳地上提下放并适当转动钻具，以排除下钻时塞入取心工具的滤饼，清洗井底的沉砂；下放时校正好指重表。充分循环后，逐渐将钻头下至井底，校正井深
		取心	若使用投球式取心工具，在井底冲洗干净以后，卸开方钻杆，投入钢球，并接上方钻杆，以较大排量送球，然后将钻头缓慢下至井底树心（非投球式取心工具不需要该步骤）
			取心钻进时，应尽可能地保持转速和排量平稳不变；在地层变化需要调整钻压时，应均匀逐渐地调整，避免剧烈变动；当地层变软时钻压应平稳地跟上，防止损伤岩心
			在取心钻进过程中，钻时、泵压、转盘负荷、憋钻、跳钻等都是判断井下是否正常的主要依据，应仔细观察、认真记录、及时判断果断处理
			在油气层取心钻进，要有专人看守钻井液出口管和循环罐液面，按规定做好记录
			非顶驱钻机，钻井取心时应调整好方入，尽量避免中途接单根，或尽量减少接单根的次数

续表

序号	工序过程	检查要点	主要检查内容
12	取心作业	割心	刹住刹把，视地层软硬，恢复悬重
			若井下情况比较复杂，岩心根部地层较硬，也可以不停泵割心
		起钻	割心后，正常情况下立即起钻；如在油气层段，应循环观察，具备条件后起钻。循环过程中不宜做大幅度活动钻具，循环排量不大于取心钻进排量
			起钻操作要平稳，不应猛刹、猛顿，用液压大钳或旋绳卸扣，防止用掉岩心
			起钻过程中，按相关规定及时向井内灌满钻井液
		出心	钻台出心盖好井口，防止落物
			岩心出筒时应配备有害气体监测仪，灵敏可靠
			岩心取出后，洗净岩心，仔细丈量岩心长度，算出岩心收获率，做好资料记录，取样后装入岩心盒
			出心时正确使用岩心钳，岩心不应滑出
			起下钻阻卡井段，应采用全面钻进钻头划眼通井消除阻卡，不应用取心钻头划眼
			取心钻进中，转盘、钻井泵采用柴油机分开驱动，便于调整取心参数
			若井底有落物，必须进行打捞后方可进行取心作业
			在井口组装、调试取心工具和岩心出心过程中发生溢流时，应立即停止相关作业，将取心工具提出井口，按空井关井程序控制井口
			取心钻进或割心起钻中途出现溢流等异常情况，应立即终止作业，按照钻井井控相关规定进行处理，恢复正常后方可继续作业
			取心钻进中，当出现井漏，应停止取心，进行堵漏处理，井下正常后进行下步作业
			割心后起钻或取心时上提钻具遇阻卡，应在规定权限内活动钻具进行处理，防止工具损坏

四、钻井井控监督要点

钻井井控检查是确保钻井作业安全的重要环节，主要监督检查内容包括资料与记录、设备布置、防喷器与套管头、节流压井管汇与防喷管线、放喷管线、控制系统、内防喷工具、液气分离器、液面检测系统、除气器及加重装置、井控物资储备、防火防爆、电路及消防设施等。钻井井控监督要点详见表5-4。

表 5-4 钻井井控监督要点

序号	检查要点	主要检查内容
1	资料与记录	1. 应持证人员持有效井控培训合格证。 2. 井控管理综合记录： （1）各次开钻（包括定期及更换密封、承压部件后）井控设备试压记录（试压曲线）； （2）井控设备的检查保养记录； （3）地破压力或地层承压试验记录； （4）低泵冲试验记录； （5）防喷（防硫化氢）演习记录； （6）正压式空气呼吸器定期检查记录； （7）钻开油气层后起钻前等作业中，短程起下钻测油气上窜记录； （8）井控设备定期回厂检验证或资料（出厂合格证、试压曲线）；防喷和放喷等管线探伤合格证。 3. 生产例会记录（钻开油气层前交底、日常井控工作安排、井控例会、井控知识培训、上级或甲方井控检查隐患及整改情况等）。 4. 班前班后会记录（干部 24h 值班、井控工作安排、井控知识培训等）。 5. 锅炉、安全阀、压力表、硫化氢监测仪定期校验（检验）证。 6. 探井、预探井、参数井的地层压力随钻监测数据。 7. 钻开油气层申报、审批报告。 8. 钻井及录井双坐岗记录内容齐全、数据准确（配备环空液面监测的应有记录）。 9. 井控应急处置方案。 10. 与业主签订的安全生产合同；与相关方（钻井液、录井、测井、定向、固井、试油、下套管服务、清洁化生产等）签订的安全生产协议。 11. 张贴于井场值班房内的资料（井控工作管理制度、溢流井喷演习时各岗位人员职责和关井程序、井口装置示意图）。 12. 工程作业智能支持系统在钻井队的运行情况。 13. "井控双盯工作法"的运行情况
2	设备布置	1. 值班房、库房、化验房等距井口不小于 30m。 2. 录井房、地质房离井口 30m 以远。 3. 锅炉房设置在距井口不小于 50m 季节风上风位置。 4. 油罐距井口不小于 30m，距发电房不小于 20m，距放喷管线大于 3m。 5. 水罐距放喷管线不小于 2m。 6. 配电房距井口距离不小于 30m。 7. 发电房距井口不小于 30m。 8. 消防房位于发电房附近。 9. 野营房置于距井口不小于 100m 以外的上风处
3	防喷器与套管头	1. 防喷器组合及压力级别符合设计。 2. 套管头型号符合设计（压力级别不低于设计防喷器压力等级）。 3. 套管头侧出口闸阀、压力表齐全完好。 4. 套管头注塑、试压、悬挂载荷符合规定。 5. 圆井（方井）有操作平台，污水不能淹没套管头。 6. 安装挡泥伞，防喷器组及四通各阀门开关灵活。 7. 防喷器连接螺栓紧固、齐全、规范。

续表

序号	检查要点	主要检查内容
3	防喷器与套管头	8. 用16mm的钢丝绳在井架底座的对角线上将防喷器组绷紧固定。 9. 防喷器液压部分密封良好。 10. 手动锁紧杆齐全，靠手轮端支撑牢固，其中心与锁紧轴之间的夹角小于30°，标明开关方向和到底圈数，搭台便于操作。 11. 寒冷地区冬季钻机底座下有保温措施。 12. 禁止使用剪切全封一体化闸板，重点地区高风险井按要求安装双四通和四条放喷管线。 13. 新购置的防喷器和套管头为取得井控装备资质认可的厂家生产的产品
4	节流、压井管汇与防喷管线	1. 压力级别符合设计。 2. 钻井四通两翼各有两个闸阀，紧靠钻井四通的手动闸阀应处于常开状态，其余手动闸阀或液动闸阀应处于常关状态。 3. 防喷管线采用标准法兰连接，不允许现场焊接；使用高压软管应符合标准和细则要求。 4. 防喷管线长度超过7m应固定牢固。 5. 闸阀挂牌编号并正确标明开、关状态。 6. 闸阀开关灵活，连接螺栓合格。 7. 若节流、压井管汇基础低于地平面应排水良好。 8. 有高、低压表（抗震、有闸阀控制），量程满足要求，在校验日期内。 9. 钻井液回收管线拐弯及出口处固定牢靠，出口接至钻井液罐，内径不小于节流管汇出口通径，管线进入除气器上游。 10. 关井提示牌数据齐全，正确，字迹清楚。 11. 节流管汇控制台安装在节流管汇上方的钻台上；套管压力表及压力变送器安装在节流管汇五通上，立管压力变送器在立管上应垂直于钻台平面安装。 12. 有防堵、防冻措施。 13. 新购置的井控管汇及节控箱为取得井控装备资质认可的厂家生产的产品
5	放喷管线	1. 放喷管线的条数、长度、通径、转角等符合井控实施细则。 2. 放喷管线不允许现场焊接。 3. 管线每隔10～15m、转弯处、出口处用水泥基墩加地脚螺栓或地锚或预制基墩固定牢靠，悬空处支撑牢固；若跨越宽度10m以上的河沟、水塘等障碍，应架设金属过桥支撑。 4. 两条管线走向一致时，应保持大于0.3m的距离，并分别固定。 5. 放喷管线出口处用双基墩固定。 6. 水泥基墩的预埋地脚螺栓直径不小于20mm，长度大于0.5m。 7. 管线出口到各种设施距离符合细则要求。 8. 车辆跨越处装过桥盖板，其下管线无接头。 9. 主放喷管线有有效的安全点火工具。 10. 放喷池或放喷罐设置及容积符合井控实施细则和地方环保要求。 11. 放喷管线进行密封试压，压力不低于10MPa
6	控制系统	1. 司钻控制台安装在有利于司钻操作的位置并固定牢固；司控台不安装剪切闸板控制手柄。 2. 远控台宜安装在井场左前方，距井口大于25m，周围留有安全通道；周围10m内不得堆放易燃、易爆、腐蚀物品。 3. 远程控制台电源从发电房或配电房用专线直接引出，并用单独的开关控制。 4. 管排架与放喷管线距离保持一定距离，车辆跨越处装过桥盖板，管排架上无杂物，且不得作为电焊接地线或在其上进行焊割作业。

续表

序号	检查要点	主要检查内容
6	控制系统	5. 管线、阀门等密封无泄漏。 6. 远程控制台的气源从气源房单独接出并控制，气动泵总气源与司控台气源分开连接，配置气源排水分离器，并保持气源压力不小于 0.65MPa；高寒地区对气源采取防冻措施。 7. 泵运转正常。 8. 油雾器工作正常。 9. 储能器压力为 18.5~21MPa，环形防喷器压力为 8.5~10.5MPa，管汇压力（10.5±0.7）MPa。 10. 油箱油面符合要求。 11. 远程控制台各防喷器、液动阀操作手柄宜置于中位。 12. 远程控制台全封闸板装罩保护，剪切闸板换向阀安装限位装置。 13. 远控台和司控台的储能器压力、环形压力、管汇压力误差均不大于 1MPa。 14. 泵的输出压力达到 20.3~21MPa 时自动停泵，系统压力降至（18.5±0.3）MPa 时自动启动。 15. 钻机底座下使用耐火液压管线。 16. 寒冷地区冬季有保温措施。 17. 新购置的控制系统及司控台为取得井控装备资质认可的厂家生产的产品
7	内防喷工具	1. 方钻杆上、下旋塞阀、顶驱旋塞阀开关灵活。 2. 有防喷单根或防喷立柱。 3. 额定工作压力不小于防喷器额定工作压力。 4. 钻台上配备与钻具尺寸相符的钻具止回阀或旋塞阀；止回阀有顶开装置；旋塞应定期保养，开关灵活，摆放位置便于快速取用。 5. 新购置的内防喷工具为取得井控装备资质认可的厂家生产的产品
8	液气分离器	1. 进口转弯处有预制铸（锻）钢弯头，进出口管线、排气管线采用法兰连接，通径不小于设计进出口尺寸，管线出口处应固定牢固。 2. 进液管线使用不低于 14MPa 钢质管线或 35MPa 高压软管，管线需要使用水泥基墩固定；管线通径不小于 78mm。 3. 排气管线接出井口 50m 以远，出口端安装防回火装置并配备性能可靠的点火装置。 4. 液气分离器固定牢靠；安全阀泄压出口指向井场右侧；本体安装耐震压力表并安装截止阀
9	液面检测系统	1. 每个参与循环的钻井液罐、配液罐上，有以立方米为单位的直读式液面标尺。 2. 采用地面循环的钻井现场应配备进出口流量计。 3. 配备专用灌浆罐，在提下钻工况按要求正常使用。 4. 循环罐有溢流报警装置。 5. 钻台使用保持型开关报警喇叭
10	除气器及加重装置	1. 除气器运转正常，排气管线接出 15m 以远。 2. 加重装置运转正常，加重漏斗无堵塞。 3. 重点地区配备使用气动重晶石粉罐、自动加重装置
11	井控物资储备	1. 加重料储备数量和性能符合设计。 2. 重钻井液储备数量和性能符合设计，定期搅拌。 3. 堵漏材料储备数量和性能符合设计。 4. 有一套与在用半封闸板同规格的闸板和相应的密封件及其拆装工具和试压工具。 5. 井控橡胶配件应放于空调库房内，温度满足橡胶配件储藏要求

续表

序号	检查要点	主要检查内容
12	防火防爆、电路及消防设施	1. 油罐区电气设备，开关防爆。 2. 探照灯从发电房或配电房用专线直接引出，并用单独的开关控制。 3. 柴油机排气管安装冷却、灭火装置，出口不指向循环罐。 4. 罐区 3m 内电气防爆。 5. 离井口 30m 以内的钻台、机、泵房等处电气防爆。 6. 录井房离井口 30m 以远，不足 30m 的应采用正压式防爆。 7. 消防器材配备齐全，性能可靠。 8. 探井、高压油气井供水管线上有消防管线接口，备有消防水带和水枪。 9. 井场动火有动火审批报告。 10. 钻开油气层后，所有车辆停放在距井口 30m 以外，在 30m 以内的车辆安装阻火器

五、钻井营房 HSE 监督要点

钻井营房是为钻井作业人员提供的住所，通常位于野外钻井现场附近。钻井营房通常由多个集装箱式活动房组成，每个活动房都配备有基本的生活设施。此外，钻井营房配备必要的生活设施，如厨房、卫生间、照明、供暖和制冷等。钻井营房的设计和建造需要考虑到安全、舒适、环保和便利等多个方面，主要监督检查内容包括营房管理制度规程及执行、营房设置、营房外观、营房设备、营房安全设施、应急管理等。钻井营房 HSE 监督要点详见表 5-5。

表 5-5 钻井营房 HSE 监督要点

序号	检查要点	主要检查内容
1	营房管理制度规程及执行	钻井队平台经理负责营房管理，营房设备管理定人、定岗，管理制度健全
		以岗位责任制为中心的管理制度健全并能认真执行
2	营房设置	野营房应置于井场边缘 50m 外的上风处，含硫油气井施工时，野营房离井口不小于 300m
		营房布置应避开排洪道、山坡边，安装平稳
		营房区应设置行走通道，周边设置护栏和围栏
3	营房外观	营房主体无开裂、损伤，油漆完好
		营房摆放整齐，配件安装稳固
4	营房设备	热水炉完好，合格证、安全阀检校及时
		冰箱、空调、电热板、灯具完好
		洗烘设备、沐浴设施完好
		灶具、消毒设备完好
		餐厅、厨房卫生清洁，食物在保质期内，无变质

续表

序号	检查要点	主要检查内容
5	营房安全设施	营房电路、漏电保护装置和接地装置完好
		营房应急通道畅通无阻，并配备应急灯
		营房消防、照明设施和报警器完好，并定期检查，有检查人签字
		三相负载平衡
6	应急管理	营区应设置紧急集合点，必要时实行人员入住挂牌管理
		特殊地区营区应配置防恐设施和器材
		制订营区应急措施，并组织应急演练

第二节　井下作业（试油压裂）工程 HSE 监督要点

一、井下作业（试油压裂）HSE 管理监督要点

制订科学、合理的井下作业方案对于保证井下作业的安全至关重要，是确保井下作业顺利进行的重要科学依据。井下作业通常需要多个专业的工种和设备协同作业，必须合理调配资源并进行作业协调，以确保作业的高效进行。建立完善的监督机制，对井下作业的过程和生产安全进行实时监控，及时纠正偏差和问题，可确保井下作业的顺利进行。主要监督检查内容包括：组织机构、安全管理一般要求、管理制度、教育培训、现场管理、相关方信息沟通交流、井场车辆伤害预防、基础资料管理、风险管理、应急管理、职业健康管理、用电管理、危险化学品管理、井控管理、安全隐患的整改与验证等。井下作业（试油压裂）HSE 管理监督要点详见表 5-6。

表 5-6　井下作业（试油压裂）HSE 管理监督要点

序号	检查项目	主要检查内容
1	组织机构	作业队设立 HSE 领导小组，队长任组长
		作业队下设作业队领导班子及各班组
		按劳动定员设置岗位并配备相应人员，各岗位职责齐全
		施工现场有专（兼）职安全员
2	安全管理一般要求	开展安全目标管理，将目标指标分解到班组，并进行考核
		员工按岗位要求上岗，有持证要求的岗位，岗位人员应持有效证件上岗
		现场施工的人员不应脱岗、乱岗、串岗、睡岗和酒后上岗
		进入施工现场人员应正确穿戴劳动防护用品

续表

序号	检查项目	主要检查内容
2	安全管理一般要求	施工前由专人或作业队干部向员工及相关人员进行施工设计、施工中存在风险、危害、环境因素及控制措施交底
		岗位员工应掌握本岗位职责、应知应会内容、操作规程和应急程序等
		岗位员工当班作业前，应进行岗位巡回检查，及时整改并汇报发现的问题
3	管理制度	施工现场应有岗位职责、操作规程、QHSE管理、井控管理、应急管理、设备管理等制度
4	教育培训	作业队制订年度培训（学习）计划，其内容包括持证培训、HSE通用知识、岗位操作技能、应急知识等
		新入厂和转岗员工应经过"三级"安全教育
		法律法规及公司规定的持证人员应取得相应资格证书或培训合格证书
		班组在施工前，应根据当班工作存在的风险、危害及防范措施进行工作前安全分析
		抽查员工对培训内容和工作场所各种突发事故应急处置预案的掌握情况
5	现场管理	井场入口处应设置井场平面图和入场须知
		井场布置与防火间距应符合标准的相关规定。井场地面应坚实、平整、清洁
		安全标志至少应有："必须戴安全帽""禁止烟火""必须系安全带""当心触电""当心机械伤人""当心坠落""当心落物""当心井喷""当心环境污染"
		值班房、工具房、发电房距离井口及储油罐不应小于30m，防喷器远程控制台应安装在季节风上风方向，距井口不小于25m，便于司钻（操作手）观察的位置，并保持不小于2m宽的人行通道；周围10m内不允许堆放易燃、易爆、易腐蚀物品
		压井、节流管汇应分别安装在井口两侧，各阀门工作压力应满足施工要求
		排液用储液罐应放置距井口25m以外
		宿营房、厨房、生活水罐摆放在井场30m以外，摆放整齐
		油管（钻杆）桥应搭三道，泵杆桥应搭四道，并保持在同一平面上，油管（钻杆、泵杆）每十根一组排放
		井场应设立至少两个应急集合点，并位于主导风向上一定安全距离或与主导风向呈90°，以防主导风向改变。逃生通道畅通，标识清楚
		工具房内的工具、配件应定期保养，摆放整齐并挂牌标识
		作业现场应设置不少于两个风向标，风向标应设置在现场便于观察到的地方，风向标应挂在有光照的地方
6	相关方信息沟通交流	进入施工现场的相关方人员均应接受属地主管人员的相关安全教育
		施工现场进行交叉配合作业前，应由属地主管组织召开联席会议，交叉配合各方将施工中存在的风险、危害及防护措施、应急预案对相关人员进行交底或培训

续表

序号	检查项目	主要检查内容
7	井场车辆伤害预防	进入施工现场的车辆应按规定停放
		进入施工现场的车辆移动、就位及作业时应有专人指挥
8	基础资料管理	施工现场应有地质设计、工程设计、施工设计
		施工现场应建立并保留HSE活动记录、设计交底记录、开工验收记录、作业许可证、培训记录、班报表、油管（杆）记录、应急演练记录、井控管理记录、设备运转记录等
		施工现场应有井身结构图、危险点源图、巡回检查图
9	风险管理	作业现场应保留"HSE作业指导书"和"HSE现场检查表"
		作业前应进行危害因素识别，并制订相应风险控制措施
		对识别出的新增危害因素应编制"风险管理单"，制订风险控制措施，并经审批后实施
10	应急管理	钻台上应设置不少于两个应急出口，井架二层平台应安装逃生器
		施工现场应制订有针对性的应急处置预案，并定期组织应急培训及演练
		施工现场应按照作业队级应急处置预案的要求配备足够应急物资，并定期进行检查、保养
		作业队应定期对应急处置预案的实施进行总结和完善
11	职业健康管理	对接触职业病危害因素的作业人员，应定期进行职业性健康查体，对异常人员采取针对性措施
		接害人员应正确佩戴个人防护用品（防噪声耳塞、耳罩、护目镜和防毒面具等）。高温作业时应采取防暑降温措施
		生活饮用水水罐应保持清洁，水质应符合标准要求
		配备冰箱时，其贮存的生熟食物分开存放
		厨师应取得健康合格证并持证上岗，按规定着装，整齐干净
		厨房操作间、炊具应保持清洁卫生，做好防蚊蝇、鼠害等工作，不应存放有毒药剂
		施工现场应配备急救药箱，药箱内应配备满足现场要求的药品及医疗器材
		循环罐坐岗房应配备洗眼器
12	用电管理	井场应设置配电箱，并防风防雨、保持干燥。室外配电箱应架空35cm以上，从高压到低压变压器的电缆线的长度不应超过2m。对使用380V以上电压的设备，还应在配电箱处挂"高压危险"警示牌
		井场配电线路应采用橡套软电缆。井场所用电缆均不宜有中间接头，若有接头应采用防爆接头，应保证接头不承受张力
		井场电缆距地面架空高度应大于2.5m，跨越人行道路时距地面高度不小于3m，跨越通车道路时距地面高度不小于5m；以电缆作为照明或动力电源线的，可采取架空的方式，也可穿管保护或将电缆埋入地下，深度不小于0.6m，并在电缆上下各均匀敷设50mm厚的细砂，然后覆盖硬质保护层。不应将电缆直接挂在设备、井架、绷绳、罐等金属物体上

续表

序号	检查项目	主要检查内容
12	用电管理	电线杆在使用木杆时，末梢直径应不小于 ϕ50mm，在采用金属杆时，固定电缆处应采用绝缘瓷瓶或做绝缘处理，绑线不应使用裸金属线，线杆应埋设牢固。井场外的电线杆，两杆间距应小于25m
		井场露天照明应使用低压照明和防爆灯具，移动照明线路应采用无接头的橡套电缆线
		井口照明灯具应不少于四个，井架、钻台上的灯具应安装保险绳。井架上的照明与井场照明灯开关应分别设置，井架照明、井场照明和电气总开关应分别安装漏电保护器，漏电保护器应灵敏可靠，井场设分路开关时，分路开关与井口距离不小于15m
		井场使用的各种开关、导线应与用电设备的功率相匹配
		室内配电箱安装端正、牢固，箱体中心对地面距离不小于1.5m。导线穿越值班房时应安装塑料管进行保护。配电箱前地面有绝缘保护，并有足够的工作空间和通道
		需室外控制的用电设备，应采用室外配电箱，箱体距井口距离不小于20m。固定式配电箱、开关箱下底与地面的垂直距离应大于1.3m且小于1.5m；移动式分配电箱、开关箱下底与地面的垂直距离应大于0.6m且小于1.5m
		配电箱应由专人操作，操作人应掌握安全用电基本知识，能进行停送电操作，具备排除一般故障的能力
		值班房内的移动电器，电源线应采用橡套电缆，长度不应超过2m，老化电缆应及时更新。室内不应私接插座，室内照明不应使用大于100W的灯具
		各类油水泵及循环系统配置的各类搅拌器、分离器等电机应采用防爆电机
		值班房、宿营房、循环罐、发电房、电动机、配电室、配电箱等井场电气设备应安装接地线。营房保护接地装置的接地电阻应不大于10Ω，电气设备接地电阻不大于4Ω
13	危险化学品管理	装卸、使用危险化学品的人员应正确穿戴、使用专用劳动防护用品、用具
		现场所使用的化学品应有安全技术说明书，现场作业人员应知晓化学品的危害、安全使用贮存、泄漏处置和急救措施等内容
		装卸危险化学品时应轻拿轻放，不应震动、撞击、摩擦、重压和倾倒
		装卸危险化学品完毕后应及时清理用具
		危险化学品在使用时，操作者应站在上风向，并采取防溢出和飞溅措施
		危险化学品的废弃物应指定专人管理并及时回收处理
14	井控管理	作业队应成立井控管理小组，明确各岗位井控职责，定期召开井控例会
		正副队长、技术员、正副班长或正副司钻、资料员或井架工、专（兼）职安全员等关键岗位人员应经过井控培训，并持证上岗
		井控管理制度：井控持证制度、坐岗制度、防喷演练制度等
		作业队严格执行工程设计中有关井控设备安装、管理要求及井控措施。井控装备应指定专人管理，定期进行检查、维护和保养

续表

序号	检查项目	主要检查内容
14	井控管理	不同作业类别的施工井应按设计要求安装相应的井控装置
		防喷器安装完毕后按设计要求试压合格
		闸板防喷器应装齐手动操作杆，井口各阀门开关状态正确，做好状态标识
		安装钻台（操作台）的作业井，液控闸板防喷器应装齐手动操作杆，并伸出操作台，靠手轮端应支撑牢固，其中心与锁紧轴之间的夹角不大于30°。挂牌标明开关状态及圈数
		液压防喷器液控油路进出口一侧面向井架，防喷器液控油路的进出口与远程控制台控制开关的进出口应一致
		压井、节流管汇应安装在钻台或操作台以外，摆放平整并加以固定
		压井、节流管汇的管线、阀门、法兰等配件的额定工作压力应不小于防喷器的额定工作压力。各阀门开关状态正确，挂牌做好状态标识
		防喷器液压管线在车辆通道处应采取防碾轧保护措施
		防喷器远程控制台储能器压力应符合要求，仪表、调压阀灵敏好用，手柄标识清楚，远程控制台内安装防爆照明灯
		远程控制台电源应从发电房或总开关处直接连接，用单独的开关控制，控制箱应做好保护接零和工作接地
		井口应备有相应规格型号的旋塞阀，旋塞阀开关灵活。在井内管柱与防喷器闸板尺寸不匹配时，油管架上应备有防喷单根或防喷短节及相应的变扣接头
		压井、节流管汇各连接部位应采用螺纹或标准法兰连接；各流程管线应采用钢制硬管线或在管线末端可使用足够强度的软管线连接，长度不大于2m
		放喷管线应根据当地季节风、居民区、道路、油罐区、电力线及各种设施进行布局；管线采用钢制硬管线，中间每10～15m和转弯处用地锚或水泥基墩固定；需要外接放喷管线时，管线出口应接至距井口不小于30m的安全地带，高压油气井管线应接至距井口不小于75m（含硫油气井100m的安全地带，距各种设施不小于50m。含硫油气井放喷时应点燃，且采取防中毒措施
15	安全隐患的整改与验证	在岗位巡回检查中发现的问题，岗位人员应立即整改，班长对整改结果进行确认，不能立即整改的应向队长汇报，队长组织有关人员进行整改
		作业队在自己组织的自查中发现的问题，由队长安排或组织有关人员进行整改，整改完毕后队长进行整改效果确认，不能立即整改的应向分公司汇报，由分公司组织相关部门进行整改
		分公司检查发现的问题，能立即整改的由检查人员监督整改，不能立即整改的应向公司汇报，由公司组织相关部门进行整改

二、井下作业（试油压裂）设备 HSE 监督要点

在井下作业过程中，相关的仪器和设备会影响井下作业的质量、安全和效率。监督人员应对井下作业设备进行设备巡查，及时发现并解决潜在问题，确保设备的正常安全

运行，主要监督检查内容包括：通用安全防护设备设施配备及管理、含硫化氢防护设备设施配备及管理、消防器材配置与管理，以及检查井架及底座、提升系统、作业机、循环系统、分离器、柴油机、发电机、储油罐、索具房、消防房、带压设备、液控操作台、辅助设备设施等。井下作业（试油压裂）设备 HSE 监督要点详见表 5-7。

表 5-7 井下作业（试油压裂）设备 HSE 监督要点

序号	检查项目	主要检查内容
1	通用安全防护设备设施配备及管理	作业现场用电设备应安装短路保护或过载保护装置，并做到一机一闸一保护
		井架、钻台或操作台、循环罐等处的照明应使用防爆灯具
		进入受限空间作业的人员应配备相应的监测及防护设备设施
		钻台台面平整、防滑，立柱盒无变形，大门坡道应安装牢固，坡度适宜并加保险绳，大门前护栏缺口处应装防护链索。钻台应安装紧急逃生滑道，逃生滑道内部及扶手平滑，两侧封闭，安装牢固，逃生口应装防护链索，着陆点应设缓冲沙坑(物)
		钻台不应堆放杂物，钻台大门开口、梯子口、滑梯口应安装安全链
		井架应安装有防坠落装置，并用引绳固定在方便摘取之处。有二层平台的井架应安装紧急逃生装置，高处作业时应采取防坠落措施
		天车、井架、二层平台、钻台、储液罐的防护栏和梯子齐全、牢固，梯子扶手光滑，坡度适宜
		设备传动、运转部件(传动皮带、链条、风扇、齿轮、轴)应安装防护罩(网)
		进入井场车辆排气管应安装阻火器
2	含硫化氢防护设备设施配备及管理	含硫化氢作业井在作业过程中，至少应配备四台便携式硫化氢监测仪。如遇特殊作业井，可配备一套固定式硫化氢气体监测仪或一台便携式复合气体监测仪
		含硫化氢作业井在作业过程中应配备正压式空气呼吸器，正压式空气呼吸器放在人员能迅速取用的安全位置。当班生产班组每人配备一套正压式空气呼吸器，另配备一定数量作为公用。备用空气瓶应充满压缩空气，气瓶压力应不低于 27MPa
		监测仪及正压式空气呼吸器应由有资质的机构定期检定及检测。监测仪及正压式空气呼吸器每次使用前后都应进行检查。正压式空气呼吸器每次使用后应进行清洁和消毒
		监测仪及正压式空气呼吸器应存放在清洁、卫生的地方，避免损坏和污染。对所有的监测仪和正压式空气呼吸器应每月至少检查一次，并保留检查记录。损坏或者需要修理的监测仪和正压式空气呼吸器应做好明显标记并进行隔离
		在钻台、井口等通风不良的部位应设置防爆排风扇
3	消防器材配置与管理	作业现场消防设施、灭火器材应齐全、完好
		大修、试油现场应配 35kg 干粉灭火器两具、8kg 干粉灭火器八具、消防锹四把、消防桶四个、消防钩两把、消防沙 2m³。小修现场应配 8kg 灭火器四具、消防锹两把、消防桶两个、消防钩两把
		井下机、柴油机、发电房处各配 8kg 干粉灭火器两具；生活区应配 35kg 干粉灭火器一具、8kg 干粉灭火器两具，每栋房屋应配 2kg 干粉灭火器两具
		消防器材应指定专人负责，每月检查一次

续表

序号	检查项目	主要检查内容
4	井架及底座	井架底座、基础应平整、坚实。井架应符合质量标准,不应有变形、开焊等缺损,并定期进行检测
		天车、游动滑车、井口在同一垂直线上,空载时偏差不得超过10mm
		井架各部位连接销安装到位,固定牢靠,基础受力均匀。井架在用护栏、梯子齐全、紧固、完好
		井下机井架千斤都应坐稳,各千斤板应与载车中轴线呈十字摆放
		井架绷绳应使用直径不小于$\phi 15.5mm$的钢丝绳,绷绳无打结、断股、锈蚀、夹扁等缺陷
		井架绷绳若出现以下任何一种情况不应继续使用: (1)一纽绳中发现有三根断丝; (2)端部连接部分的绳股沟内发现有两根断丝
		绷绳的每端应使用与绷绳规格相匹配的四个绳卡固定,绳卡压板压在工作绳上,卡距为绷绳直径的六至八倍,卡紧程度以钢丝绳变形1/3为准
		绷绳应距电力线5m以外(距高压线10m以外)
		地锚应使用长度不小于1.8m,直径不小于73mm的石油钢管;螺旋锚片应使用厚度不小于5mm,直径不小于250mm,长度不小于400mm的钢板
		地锚与花篮螺栓连接处螺杆、螺帽、垫片、开口销应配套齐全
		井架绷绳地锚或地锚坑应避开管沟、水坑、钻井液池等处,不应打在虚土或水坑等松软地中
		地锚外露不高于100mm,地锚耳开口应朝向井架;地锚销应安装垫圈和开口销进行锁固或使用带螺母的地锚销上紧
		井架与地锚桩距离应符合标准要求
		以井口为中心,以不小于1.2倍井架总高度为半径的范围内不得有影响井下作业及安全的高压线、房屋建筑等
		有二层平台时,二层平台及护栏应安装到位,安全销固定可靠,斗绳受力均匀。逃生绷绳上端应固定在便于逃生处,挂点应实现井架工能迅速到达,站在平台上挂钩能直接挂在安全带上。逃生绷绳与地面夹角应符合所用逃生装置的安装要求,附近没有影响落地的障碍物,且通道畅通
5	提升系统	游动滑车、天车、滑轮应转动灵活、护罩完好
		大钩弹簧、保险(锁)销完好,转动灵活,耳环螺栓应紧固
		提升钢丝绳应符合标准要求,直径应不小于$\phi 19mm$,不应有严重磨损、锈蚀及挤压、弯扭等变形。无打结、锈蚀、夹扁等缺陷
		提升钢丝绳若出现以下任何一种情况不应继续使用:一纽绳中发现随机分布的六根断丝;一纽绳中的一股中发现有三根断丝

续表

序号	检查项目	主要检查内容
5	提升系统	大绳死绳头应使用不少于六个配套绳卡固定牢靠，卡距为钢丝绳直径的六至八倍，死绳走井架腹内，绳套兜绕于井架双腿上，并使用六个绳卡固定，死绳末端应系猪蹄扣且与井架底座相连，并用两个绳卡固定
		若安装有死绳固定器，应固定牢固，螺栓备帽齐全。大绳缠绕固定器四至五圈，防跳压板卡牢，大绳在死绳固定器上的缠绕圈数以出厂设计为准。防跳压板后的余绳应使用不少于两个绳卡固定，卡距为钢丝绳直径的六至八倍或使用专用卡板固定
		拉力表或指重表应完好可靠，在检定有效期内。拉力表保险绳直径应与提升钢丝绳直径相同，绳套长度应不大于1m，并用不少于四个绳卡固定
		游动滑车放到井口时，滚筒上钢丝绳余绳应不少于15圈，活绳头固定牢靠
		吊环等长无变形，并应定期探伤，吊环磨损应符合标准规定
		吊卡应使用防跳吊卡销子并拴有保险绳，吊卡手柄（活门）操作灵活，锁紧功能应可靠。吊卡主体不应存在危及安全使用的变形、锈蚀、磨损、裂纹等缺陷
		手提卡瓦、气动卡瓦、安全卡瓦应灵活好用，卡瓦片固定牢靠
		抽油杆吊钩应符合标准规定，保险销灵活好用，应使直径应不小于ϕ15.5mm的钢丝绳缠绕两圈，用四个绳卡固定，并定期检查
6	作业机	井下机船型底座应保持水平，井下机各千斤支座稳固，并锁紧各支腿螺母
		井下机、通井机传动部位润滑良好，护栏（罩）齐全、牢靠
		井下机、通井机及时进行清洁、润滑、防蚀、调整、紧固，运转记录填写齐全准确
		操作台仪表齐全、完好准确，阀件开关灵敏可靠，无渗漏
		刹车系统应灵活好用，刹车气压不应小于0.6MPa。刹车后刹把与钻台面呈40°～50°角
		刹车带、垫圈及开口销相匹配，齐全牢靠；刹车片、刹车钢圈及两端连接处完好
		刹车片磨损不应磨到固定螺栓上平面，固定螺栓及弹簧齐全、无损坏
		水刹车灵活好用，水位调节阀有效，水箱及管路无渗漏
		天车防碰装置灵活好用，防碰距离应不小于2.5m，定期检查防碰装置的完好性
7	循环系统	循环罐应与井下机平行排放，相距不小于10m。循环罐罐面保持同一水平面，1号循环罐的振动筛入口与井口成直角
		循环罐四周护栏齐全完好，固定牢靠，其高度不低于1.2m。上下罐梯子扶手完好，通道畅通、无缺损
		罐面应有足够强度，平整、防滑、无严重锈蚀，观察孔安装护网或活动板，罐面无杂物，通道畅通
		钻井泵、柴油机基础应一致，固定牢靠。转动部位护罩齐全完好
		钻井泵安全阀应安装标准的定压标尺，且检测合格。泵上安装的压力表应检定合格，并在检定有效期内

续表

序号	检查项目	主要检查内容
7	循环系统	钻井泵与罐的连接管线应牢固,密封无刺漏;钻井泵的泄压管线安装符合施工要求,并固定牢靠
		钻井泵空气包充装氮气压力为工作压力的 20%～30%
		井下液回收管线出口应与储液罐连接并固定牢靠,拐弯处应使用钢制弯头
8	分离器	分离器及其安装的压力表、安全阀应检定检测合格,并在有效期内
		分离器距井口应不小于 15m,并试压合格
		经过分离器分离出的天然气和气井放喷的天然气应点火烧掉,火炬出口距井口、建筑物及森林应不小于 100m,且位于井口油罐区最小风频的上风侧,火炬出口管线应固定牢靠
		分离器距油水计量罐应不小于 15m,其气管线出口方向,应背向井口和油水计量罐,并考虑风向摆放
		进出口管线每 10～15m 和转弯处用地锚或水泥基墩等固定
		三相分离器地面管汇应安装在分离器进口前 4～6m,加温炉应安装阻火器
9	柴油机	柴油机三滤按要求使用、更换并清洁,空气负压指示器完好
		润滑油量在油标尺刻度范围内
		冷却液使用防冻液,液面符合要求并定期补充、更换
		油、气、水管线布局合理、走向通畅,用卡子紧固牢靠,无渗漏
		油雾器油位正常,油雾器、油水分离器干净
		柴油机底座搭扣及连接螺栓齐全,固定螺栓牢固,运转平稳、无杂音、排烟正常
		直排排气管应安装阻火器和防雨帽
		柴油机不应低温带负荷运转
		护罩无缺损、变形、松动
		传动皮带齐全、松紧适度
		预供油泵工作正常,继气器灵敏有效
		柴油机卫生清洁、无杂物,散热水箱无堵塞,各部位波纹管完好
		设备停用或检修时应悬挂"正在修理,禁止启动"警示标识
10	发电机	发电房设置"当心触电""必须戴护耳器"安全标识
		发电机应有专人操作,非操作人员不应进入发电房
		发电房内无油污,地板干净,设施、工具清洁,摆放整齐
		润滑油标号正确、无变质或超保,润滑油量在油标尺刻度范围内
		冷却液使用防冻液,液面符合要求并定期补充、更换

续表

序号	检查项目	主要检查内容
10	发电机	中性点接地应有两个接地极，长度不小于1.2m，接地保护齐全、有效
		发电机运转无杂音、平稳、排烟正常
		发电机三滤按要求使用、更换和清洁
		发电机无漏油、漏水、漏气，卫生清洁，散热水箱清洁
		连接、固定螺栓齐全、牢固，护罩齐全、紧固
		发电机输出线出口应穿绝缘胶管，并做保护接零和工作接地，接地电阻不大于4Ω
		电瓶保养良好，接线柱无腐蚀，电瓶液充足
		配电箱(柜、盘)处应设置"当心触电"安全标识，控制开关有统一规范控制对象标识，地面设有绝缘胶垫
		发电房应有充足的照明，照明灯开关设在门口附近
		发电房内配有8kg干粉灭火器两具
11	储油罐	储油罐区应布置在井场左前方或左后方
		储油罐应摆在距井口不小于30m的安全位置
		储油罐罐体应设置"禁止烟火""当心泄漏"安全标识
		储油罐罐区配备8kg干粉灭火器两具
		柴油预滤器完好、有效
		储油罐、泵组密封及管路无渗漏，卫生清洁，有防盗措施
		储油罐液位计表盘清晰、完好
		油泵及电路应符合防爆要求
		电气设备接地电阻不大于4Ω
12	索具房	使用标准铝合金压制钢丝吊索，且符合安全要求，无断丝、断股、扭结，压制接头无变形；一捻距内钢丝绳断丝小于五根，吊索报废符合标准要求
		尼龙吊索无本体被切割、严重擦伤、局部破裂
		绳套集中分类管理，有保护措施，索具有标识
		使用完的吊具索具及时收回，定点存放，有专人管理，使用后及时保养
13	消防房	消防房室内卫生清洁，无杂物
		消防房应设置"禁止乱动消防器材"安全标识，房内有"消防器具配备地点及数量"标识牌
		消防器材有专人管理，定期进行检查，不应挪作他用，消防器材摆放合理，卫生清洁
		35kg干粉灭火器喷药管折叠存放，无破损，便于取用

续表

序号	检查项目	主要检查内容
13	消防房	干粉灭火器压力指示在绿区,安全销无锈蚀,铅封完好,瓶体和瓶底无锈蚀,有灭火器检查记录本或检查标识牌,检查周期不超过一个月
		灭火器室外摆放时,应有防晒、防雨淋措施
14	带压设备	带压设备底法兰与井口法兰使用密封钢圈连接紧密,带压设备整体与井架固定牢靠,并应使用绷绳进行地面加固
		连接盘总成、平台及连接立柱无翘曲、变形,焊口无开裂
		带压设备各部位连接紧固,无松动
		操作平台扶梯、逃生滑道、油管坡道角度适宜,无翘曲、变形,焊口无开裂
		防喷器组各闸板防喷器所安装闸板芯子尺寸、各卡瓦规格与井内管柱尺寸应一致
		防喷器组液压管线、放压管线等连接部位应紧密、无渗漏
		带压设备安装后应对各闸板防喷器和环形防喷器进行试压,并填写试压记录
		各防喷器闸板及卡瓦开关状态正确,卡瓦牙完好、开关灵活
15	液控操作台	操作台清洁、无杂物
		操作台固定牢靠,无松动
		操作台仪表完好、清晰、工作正常
		操作台各气路、油路开关灵活、可靠,标识清晰
		操作台各连接管线连接紧密,无渗漏
16	辅助设备设施	液压动力钳应符合标准要求,完好、灵活好用,钳口应安装防护板,安全可靠。高低速挡灵敏,转速稳定,清洁、密封,钳牙无缺损且固定牢靠。维修、清洁液压动力钳及更换钳牙时应切断液压动力源
		液压动力钳吊绳、尾绳应根据其型号选用 $\phi 12.7 \sim 15.5mm$ 的钢丝绳,两端各用与绳径相匹配的三个绳卡固定,卡距为钢丝绳直径的六至八倍
		液压动力钳的吊绳通过滑轮调节,滑轮满足负荷要求,保险销子齐全。尾绳销轴应使用开口销锁住
		转盘符合标准要求,转盘应固定牢固,转盘齿轮盒应与井下机传动轴垂直;转盘中心与井口水平距离偏差应小于10mm
		操作台安装基础应坚实,操作台高于1.5m应安装护栏、梯子,护栏高度不小于1.2m,梯子与地面夹角不大于45°,固定牢靠
		钻台不应堆放杂物,钻台大门开口、梯子口、滑梯口应安装安全链
		小绞车护罩齐全,操作灵活,刹车可靠
		小绞车吊钩应采用防脱落安全吊钩

三、井下作业(试油压裂)施工 HSE 监督要点

为了保证井下作业的顺利安全地实施,监督人员应对井下作业的全过程的关键环节进行监督,督促落实每个关键环节的风险管控措施,主要监督检查内容包括:井下作业设计、搬迁、安装、开工许可、洗井、压井、起下作业、大修、试油、措施施工、带压作业等。井下作业(试油压裂)施工 HSE 监督要点详见表 5-8。

表 5-8 井下作业(试油压裂)施工 HSE 监督要点

序号	检查要点	检查内容及要求
1	井下作业设计	工程设计及施工设计中应提出井控、QHSE 要求
		工程设计及施工设计中应对入井液体性能提出明确要求,注明可能带来的风险、危害及防范措施
		施工前由专人或作业队干部向员工及相关人员进行施工设计交底
2	搬迁、安装	吊装有关人员应持有效证件上岗
		吊装设备在吊装物品时所有千斤支腿应打开,在千斤支腿下垫好基础后方可起吊
		设备设施在装卸过程中,应有专人指挥装卸,吊车工作半径内不应有人员站立、通行,吊装物不应在人和设备上方通过
		运输的物品超宽、超高时,应按照交通法规要求做好超宽、超高标志
		立、放井架时,应有专人指挥。风力大于 5 级(含 5 级)或夜间、大雾天气时,不应起落或伸缩井架
3	开工许可	作业井开工前,作业队应组织有关人员进行验收,合格后申请上级进行验收
		在打开油气层前、补层前应向上级申请验收,合格后方可施工
		井场动火前应按要求办理动火审批手续
		含有毒有害气体的施工井作业,上一级部门除正常验收外,还应重点对有毒有害气体的防护设备设施、防护措施、应急预案、施工人员的资质进行验收,达到要求方可施工
4	洗井、压井	入井流体(洗井液、压井液、措施用液)应经专人检查确认,其性能应满足设计要求
		入井流体呈酸性或碱性时,施工人员应了解其危害及施工中存在风险,施工时应采取防护措施
		入井流体现场配制应做到:配液罐防护设施齐全,无损坏。配液时,应按配制程序要求配制,正确穿戴相应劳动防护用品。配液循环系统应进行固定
		施工压力大于 35MPa 时,洗压井管线应采用钢制硬管线并进行固定,出口处不应使用活动弯头或软管线
		洗压井前应检查油、套管阀门开启情况
		洗压井的液体性能、用量及深度应符合设计要求。控制进出口排量平衡,至进出口密度差不大于 $0.02g/cm^3$ 可停泵

续表

序号	检查要点	检查内容及要求
4	洗井、压井	洗压井时，出口应使用阀门或针型阀控制排量
		洗压井进出口管线分开，应为两个不同方向
5	起下作业	起下作业前确认井架及底座、提升系统、作业机等设备设施完好，符合以下起下作业要求：确认游动滑车、大钩和吊环、吊卡、螺栓销子齐全紧固，护罩完好无损，大钩转动灵活。设备油料、冷却液符合技术要求，油、水位满足设备运行要求；设备上的各种仪表完好、灵敏，并检定合格。确认设备运转系统和刹车，刹车灵活可靠，防碰天车装置可靠。确认井架、井架绷绳、地锚、大绳、液压钳和大钳吊绳及尾绳完好。检查使用的压力表、指重表或拉力表，确认完好及灵敏，检定合格并在有效期内
		上下井架应挂好防坠落装置和助爬器，携带工具应装在工具袋内
		井架二层平台的作业人员上岗前应检查安全带、防坠落装置、逃生装置完好情况。在二层平台作业时应系好安全带并固定在栏杆上，使用的工具应系好安全绳
		施工前应安装防喷器并试压合格
		起下作业前井口应安装自封封井器或采取其他防落物措施
		操作人员应有统一规定的手势、动作和其他信息传递方式，配合一致、平稳操作
		起下射孔管柱或大直径工具应平稳，不应挂碰井口、顿井口
		上扣、卸扣满足技术要求，下管柱最初20根和起管到最后20根应打好背钳。起下管柱时，不应用转盘上卸管扣，井架工不应扶管柱
		拉送油管应有保护螺纹措施，场地操作人员站在油管一侧，不应两腿跨骑油管
		起下钻时应随时灌注压井液，灌注液体应与井内液体性质一致
		中途停止起下作业时应装好井口或关闭防喷器及旋塞阀，并将井架二层平台钻具绑好
		六级风（含六级）以上或雷雨、风雪等恶劣天气应停止起下作业
6	大修	进口水龙头或弯头、水龙带应采取防脱、防摆、防落措施，出口管线应固定
		钻、磨、铣、捞作业前应探灰面或鱼顶，下至距离灰面或鱼顶30m时缓慢下放管柱，下放速度小于或等于5m/min，遇阻后加压不应超过10~20kN，反复探三次后方可确认其深度
		钻头、磨鞋或铣锥下至距离灰面或鱼顶5m左右，开泵循环正常后开始冲洗
		接单根之前应充分循环，时间不少于15min
		活动解卡时应有专人指挥，专人观察井架、基础、地锚、绷绳、指重表（拉力表）等
		打捞、封堵作业应符合标准要求
7	试油	按设计要求安装井口并对井口进行试压
		射孔作业：电缆射孔前应安装好井口防喷装置；油管传输射孔调整好管柱后应安装好井口及采油树
		电缆射孔、油管传输射孔、联作测试起下电缆或管柱应平稳

续表

序号	检查要点	检查内容及要求
7	试油	求产、测压应符合标准要求
		自喷井测压时应安装高压防喷管,测压完毕将测压仪器起至防喷管内,关闭采油树总阀门,打开放压阀放压至零,然后卸下防喷管
8	措施施工	施工地面流程、井口应按设计要求试压,井口应加固
		施工用液配置应做到:配液罐防护设施齐全,无损坏。配液时,应按配制程序要求配制,正确穿戴相应劳动保护用品。配液循环系统应进行固定
		施工车辆应按设计要求摆放在施工井井口的上风方向,与井口距离符合标准要求,并留有安全和应急疏散通道
		以施工井井口 10m 为半径沿泵车出口至施工井井口地面流程两侧 10m 为边界,设定为高压危险区,高压危险区使用专用安全警示线(带)围栏,高度为 0.8~1.2m。高压危险区应设立醒目的安全标识和警示语
		压裂、酸化、防砂施工应符合标准要求
9	带压作业	井口及井内管串内通径应能满足投堵成功要求
		拆除井口房、抽油机等装置,满足带压作业装置的安装及施工
		施工井套管短节应连接牢固、密封良好。若不符合施工要求应提前进行加固
		套管四通两翼阀门应开关正常,卡箍等连接处应紧密
		监测井内是否含有硫化氢等有毒、有害气体及含量
		选择与井下管柱结构、井下压力和带压作业设备压力等级相匹配的堵塞器堵塞管柱,完成封堵后,应打开油管阀门放空,至少观察 2h,确认无溢流为封堵合格
		拆下井口采油树,安装带压作业装置,连接液压管线、放喷管线
		起下管柱时应根据井内压力测算管柱中和点及上顶负荷,提前启动升降液缸及防顶卡瓦,防止管柱上窜
		带压提油管挂,上提应缓慢、平稳,计量好上提高度,防止油管刮、碰环形防喷器
		带压起井内管柱,控制起钻速度不大于 6m/min,同时应观察指重表负荷变化,防止接箍刮、碰防喷器

四、井下作业(试油压裂)井控监督要点

在进行井下作业时,必须制订严格的井控安全措施,同时,需要进行安全培训和演练,提高员工的安全意识和应对突发事件的能力,主要监督检查内容包括:资料与记录、井场与设备布置、安全管理、防喷器、节流、压井管汇与防喷管线、放喷管线、内防喷工具、防火防爆、电路及消防设施、人员素质、防喷器控制系统、含硫地区硫化氢防护、施工准备及施工现场等。井下作业(试油压裂)井控监督要点详见表 5-9。

表 5-9 井下作业（试油压裂）井控监督要点

序号	检查项目	主要检查内容
1	资料与记录	1. 现场应持证人员持有效井控培训合格证；含硫地区有硫化氢安全防护培训合格证。 2. 井控管理综合记录： （1）岗位井控职责； （2）井控设备现场试压记录、井控设备的检查保养记录； （3）防喷（防硫化氢）演习记录； （4）硫化氢检测仪及正压式呼吸器等人身防护用品定期检查记录（含硫井或含硫地区）； （5）含硫井施工有硫化氢危害针对性培训及风险告知。 3. 开工验收记录及问题整改记录。 4. 生产例会或班组例会记录。 5. 井口装置、管汇（或闸阀组）系统、内防喷工具等定期回车间检验证或资料（检验合格证、试压曲线）、现场试压检验记录；防喷管线和放喷管线、弯头（耐冲蚀）探伤合格证。 6. 锅炉、安全阀、压力表、气体监测仪、密度计定期校验（检验）证。 7. 坐岗（灌液）记录或井口返液观察记录内容齐全、数据准确。 8. 与业主签订的安全生产合同、与相关方签订的安全生产协议。 9. 单井针对性井控风险识别与应急处置措施。 10. 张贴于井场值班房内的资料［井控工作管理制度、溢流井喷（演习）时各岗位人员职责和关井程序、井喷应急预案、H_2S 应急预案］。 11. "井控双盯工作法"的运行情况
2	井场与设备布置	1. 作业井井场满足作业设备摆放要求及放喷管线安装要求。 2. 在井场入口处等明显位置设置不少于三个风向标。 3. 在不同方向上设置两个紧急集合点。 4. 值班房、发电房、锅炉房等距井口不小于 30m。 5. 在环境敏感地区，放喷池或废液回收罐容积符合环保要求
3	安全管理	1. 有入场安全须知牌；有防火防爆等安全标志。 2. 有资质的专职安全监督。 3. 有二层平台的井架应安装紧急逃生装置，落地处无障碍物。 4. 员工劳动防护用品的穿戴符合规定。 5. 井场通信设备性能可靠
4	防喷器	1. 防喷器压力等级、组合形式符合设计要求。 2. 防喷器的安装符合规定要求。 3. 防喷器闸板与作业管柱相匹配。 4. 螺栓与防喷器法兰规格相匹配，上全上紧、余扣均匀。 5. 手动锁紧防喷器锁紧杆安装齐全，延伸杆支撑可靠，开关灵活好用。 6. 新购置的防喷器为取得井控装备资质认可厂家生产的产品
5	节流、压井管汇与防喷管线	1. 压力级别与组合形式符合设计。 2. 节流压井管汇（或闸阀组）是钢制硬管线，固定牢靠。 3. 闸阀挂牌编号并标明其开、关状态（正确），开关灵活，连接螺栓与法兰规格相匹配，余扣均匀无欠扣。 4. 放喷阀门距井口 3m 以远，压力表接在防喷管线与放喷阀门之间。 5. 有高、低压抗震压力表（有闸阀控制），量程和校验符合要求。 6. 管线冬季有防堵、防冻措施；管汇连接高压耐火软管线时加装安全链卡或保险绳（链）。 7. 新购置的井控管汇及节控箱为取得井控装备资质认可厂家生产的产品

续表

序号	检查项目	主要检查内容
6	放喷管线	1. 放喷管线的条数、长度、通径、转角等符合井控实施细则。 2. 每隔10~15m用基墩（或地锚或砂箱）固定，固定牢靠。 3. 放喷管线用钢制硬管线，车辆跨越处装过桥盖板；采用砂箱或地面基墩时，在适当位置应安装跨越梯子。 4. 出口处无障碍物；管线出口距各种设施不小于50m。 5. 设计有点火措施的，主放喷管线有有效的安全点火手段。 6. 冬季采取定期吹、扫线等防堵措施
7	内防喷工具	1. 起下与防喷器闸板不符的管柱时，有与管柱外径相匹配的防喷单根。 2. 钻具、油管用旋塞处于常开状态，扣型正确；旋塞及配套扳手放置在井口便于拿取的地方。 3. 额定工作压力不小于设计防喷器额定工作压力。 4. 旋塞阀定期按要求送检、试压，有效的试压检测报告。 5. 旋塞阀本体长度应该满足上卸扣，应不少于20mm的夹持部位，避免对阀芯造成伤害。 6. 新购置的内防喷工具为取得井控装备资质认可厂家生产的产品
8	防火防爆、电路及消防设施	1. 油罐区电气设备、开关防爆。 2. 防爆区电路、电器符合防爆要求。 3. 接地线符合要求。 4. 有专线控制的探照灯。 5. 在森林、苇田、草地等地作业时，设置隔离带或隔离墙。 6. 消防器材配备齐全，性能可靠
9	人员素质	1. 防喷演习在规定的时间内熟练完成。 2. 现场书面考试平均成绩达到70分以上，及格率100%
10	防喷器控制系统	1. 远程控制台原则上安装在季节风上风向或便于班长（或司机）观察的位置，距井口25m以远。 2. 远程控制台距放喷管线应有1m以上距离，并保持2m宽的行人通道，周围10m内不得堆放易燃、易爆、腐蚀物品。 3. 远程控制台电源总配电板处直接引出独立电源控制并标识，电控箱开关旋钮应处于自动位置，三位四通控制手柄位置应处于工作状态，并有控制对象名称和开关状态标识。 4. 管排架（液控管线）与放喷管线距离不少于1m，车辆跨越处装过桥盖板，管排架上无杂物且不得作为电焊接地线或在其上进行焊割作业。 5. 管线、阀门等密封无泄漏。 6. 气动泵气源压力0.65~0.8MPa；油雾器工作正常；冬季气源采取防冻措施。 7. 气源压力保持在0.65~1.00MPa；油雾器工作正常；冬季气源采取防冻措施。 8. 泵运转正常；自动调节开关正常；自动启动的压力在规定控制压力范围。 9. 储能器压力17.5~21MPa，环形防喷器压力8.5~10.5MPa、管汇压力应大于厂家推荐的最小工作压力。 10. 油箱油面在标准油面之间。 11. 远程控制台换向阀转动方向与防喷器开关状态一致；全封换向阀装罩保护。 12. 冬季有保温措施。 13. 新购置的控制系统及司控台为取得井控装备资质认可厂家生产的产品

续表

序号	检查项目	主要检查内容
11	含硫地区硫化氢防护	1. 生产班每人一套正压式呼吸器，另配一定数量作为公用。 2. 井场有固定式硫化氢监测仪、配有五套以上便携式硫化氢监测仪。 3. 在操作台上、井架底座周围使用防爆通风设备。 4. 固定式硫化氢监测仪探头，距离监测面高度 0.3～0.6m。 5. 井场挂有硫化氢浓度指示牌
12	施工准备及施工现场	1. 按设计要求准备压井液、加重剂等。 2. 在不连续作业时，及时关闭井口控制装置。 3. 在作业过程中有专人负责观察井口。 4. 井口工具台工具摆放整齐。 5. 所有进入井场的动力设备带防火帽。 6. 在起管柱过程中，及时向井内补灌压井液。 7. 常规电缆射孔、油管传输射孔、诱喷作业等有相应措施。 8. 油管传输射孔、排液、求产等工况，应安装采油树

第三节 特殊作业与设备设施 HSE 监督要点

一、特殊作业 HSE 监督要点

特殊作业是指从事高空、高压、易燃、易爆、有毒有害、窒息、放射性等可能对作业者本人、他人及周围建（构）筑物、设备设施造成危害或者损毁的作业。特殊作业风险高、危害大，向来是监督人员重点关注的对象，在井工程当中常见的特殊作业包括动火作业、高处作业、吊装作业、受限空间作业、临时用电作业等。特殊作业 HSE 监督要点详见表 5-10。

表 5-10 特殊作业 HSE 监督要点

序号	检查项目	主要检查内容
1	动火作业	按规定开展工作前安全分析，办理作业许可，票证齐全
		第三方作业人员动火作业时，应与属地责任方签订 HSE 安全协议
		气焊、电焊等特种作业，作业人员应按规定持有特种作业人员资格证
		动火作业应配置专职监护人、安全监督或安全员，佩戴明显标志
		动火作业前 30min 内应进行可燃气体浓度检测，是否满足作业要求
		气焊（割）动火作业时，氧气瓶和乙炔瓶应做好防曝晒、防倾倒措施，且距离动火点均应不少于 10m。氧气瓶和乙炔瓶间隔应不低于 5m，乙炔瓶严禁卧放
		氧气瓶和乙炔瓶调压阀与气管线间应安装并卡紧防回火止回阀

续表

序号	检查项目	主要检查内容
2	高处作业	按规定开展工作前安全分析，办理作业许可，票证齐全
		第三方作业人员高处作业时，应与属地责任方签订 HSE 安全协议
		高处作业人员持有相关证件
		作业人员劳保穿戴齐全
		高处作业应配置专职监护人、安全监督或安全员，佩戴明显标志
		作业人员正确使用安全带或防坠落设备；使用是否规范
		禁止上下垂直高处作业；分层作业时，中间应有隔离措施
		高处作业工具应有防掉绳，并放入工具袋
3	吊装作业	按规定开展工作前安全分析，办理作业许可，票证齐全
		第三方作业人员起重作业时，应与属地责任方签订 HSE 安全协议
		起重机作业人员应持有特种作业操作证，指挥人员应持有指挥证
		起重作业应配置专职监护人、安全监督或安全员，佩戴明显标志
		起重作业前车辆应进行外观检查并有检查记录
		起重机液压支撑腿应完全打开并垫板
		起重机吊臂回转范围内应设置警戒隔离带
4	受限空间作业	按规定开展工作前安全分析，办理作业许可，票证齐全
		第三方作业人员作业时，应与属地责任方签订 HSE 安全协议
		涉及液、气、电等相关能源的受限空间作业，应进行能量隔离，并在机械（搅拌器等）及能源（电气电源等）开关点进行上锁挂签
		受限空间应保证足够照明，井口 30m 内照明设备应满足防爆要求
		通风排气，作业前 30min 内进行气体检测，作业中每半小时气体检测一次，并有记录
		受限空间作业应配备专人监护，监护人与作业人员沟通畅通
		受限空间入口应设置警示牌和警戒线
5	临时用电作业	按规定开展工作前安全分析，办理作业许可，票证齐全
		第三方作业人员作业时，应与属地责任方签订 HSE 安全协议
		安装、拆除或维修临时用电线路应由持有电工证的专业人员进行
		用电作业应严格执行能量隔离，上锁挂签制度，严禁带电作业
		用电设备应有专用开关箱，严格实行"一机一闸一保护"
		临时用电应设置保护开关，使用前应检查电气装置和保护设施
		临时配电箱、开关箱应标有电压标识和危险标识

二、能量隔离 HSE 监督要点

能量隔离是防止设备设施在生产期间或检维修期间能量或物料的意外释放造成的人员伤害或财产损失。能量主要是指电能、机械能、热能、化学能、辐射能等，物料主要指作业过程中的有毒有害危险介质等。隔离是指将阀件、电气开关、蓄能配件等设定在合适的位置，或借助特定的设施使设备不能运转，危险能量或物料不能释放。能量隔离主要监督检查内容包括审批确认、隔离执行、锁具、标签、备用钥匙、能量隔离、上锁挂签步骤等。能量隔离 HSE 监督要点详见表 5-11。

表 5-11 能量隔离 HSE 监督要点

序号	检查项目	主要检查内容
1	审批确认	进行能量隔离上锁挂签的隔离点 / 设备切断点，应编制表格或示意图进行加标或明确指出隔离点的位置及锁具编号、吊牌编号，作为能量许可证的附件
		采用多种隔离方式，步骤复杂的，可以单独做出工艺隔离处理操作卡，报相关人员进行现场签字确认，附在作业许可证或作业施工方案上
		隔离措施必须到现场检查确认，相关责任人员签字后，方能签发能量隔离许可证
2	隔离执行	隔离措施未执行到位，不能确认隔离状态，不得签发关联的作业许可证；作业完成之前不能解除隔离
		能量隔离的状态确认按照谁主管、谁负责的原则进行检查落实
		安全锁必须和安全标签同时使用，电气作业同时执行国家相关电力作业规程
		在开始作业前，属地单位与作业单位人员都有责任确认隔离已到位并执行上锁、挂标签，涉及电气隔离的应进行隔离效果确认
		能量隔离上锁挂签后，设备初次解体或拆离时，负责人或能量隔离审批人必须在现场监护，随时应对处理突发能量事件
		上锁挂签按照"谁上锁、谁解除"的原则，由负责人安排班组列入交接班检查内容，并在交接班记录上描述能量隔离和作业简况
3	锁具、标签、备用钥匙	"危险！禁止操作"标签应填写清楚上锁理由，人员及时间，并挂在隔离点或安全锁上
		作业人员发现"危险！禁止操作"标签信息不清晰时，应及时更换并重新填写信息
		能量隔离锁具应使用合格的工业安全锁具
		备用钥匙由作业负责人或指定专人保管
		备用钥匙只能在非正常解锁时使用，使用前应经现场负责人或其授权人批准
		除非钥匙损坏，并经现场负责人批准，其他情况严禁私自配制备用钥匙
4	能量隔离、上挂签步骤	上锁、挂签顺序：依次按照电气、仪表、工艺的顺序进行。涉及电气隔离时，由电气维护专业人员实施上锁、挂标签，钥匙交负责人放在集中锁箱内
		对于采用工艺隔离的工艺管线阀门、仪表的上锁、挂签；对于采取工艺盲板隔离的通常只需要挂盲板标识牌、可不实施上锁

续表

序号	检查项目	主要检查内容
4	能量隔离、上挂签步骤	电气上锁、挂签：作业负责人按照隔离方案办理设备检修作业票，通知电气人员进行设备断电，电气人员断电后，使用锁具将停电隔离的开关（柜）操作把手进行上锁、挂签，并将钥匙交作业负责人；现场负责人和检修作业负责人到现场共同确认，由现场负责人通过现场按下该设备操作柱按钮，确认该设备不能启动
		确认：上锁、挂签后，现场负责人应和作业负责人对现场情况进行交底确认，验证系统或设备隔离的有效性，对上锁、挂签要确认是在能量隔离示意图（盲板示意图）的隔离点和位置，当有一方对上锁、隔离的充分性、完整性有任何疑虑时，均可要求对所有的隔离再做一次检查
		测试：作业前，由作业负责人对设备进行测试（如按下启动按钮或开关，确认设备不再运转），确保设备隔离的有效性
		解锁、拆签：按先仪表、工艺后电气的解锁顺序；电气解锁、拆签：工艺设备检修完毕并且现场确认具备送电条件，由属地作业负责人将电气隔离钥匙交回电气维护人员，电气维护人员负责电气隔离设备的解锁、拆签；当作业部位处于应急状态下需解锁时，可以使用备用钥匙解锁；无法取得备用钥匙时，经作业负责人同意后，可以采用其他安全的方式解锁；解锁后设备或系统试运行不能满足要求时，再次作业前应重新按标准要求进行能量隔离
5	其他要求	交叉作业涉及同一隔离点时，每项作业都要对此隔离点上锁、挂标签

三、电气设备 HSE 监督要点

电气设备主要包含电气线路、历史用电线路、手持电动工具、电焊机等，电气设备检查是为了确保设备的安全运行和符合相关标准要求。其中电气线路的主要监督检查内容包括操作规程、一般规定、安全检测等；临时用电线路主要监督检查内容包括管理制度、审批手续、电线、线路架设、安全设施及要求、使用期限等；手持电动工具主要监督检查内容包括电源线、绝缘电阻、防护罩、漏电保护器等；电焊机主要监督检查内容包括电源开关、防护装置、焊钳、电缆线、接地、使用环境等。电气线路 HSE 监督要点详见表 5-12，临时用电线路 HSE 监督要点详见表 5-13，手持电动工具 HSE 监督要点详见表 5-14，电焊机 HSE 监督要点详见表 5-15。

表 5-12 电气线路 HSE 监督要点

序号	检查项目	主要检查内容
1	操作规程	是否具备电气设备操作规程
2	一般规定	禁止拉临时电线
		不得超负荷运行
		电气设备的安装应符合有关规定

续表

序号	检查项目	主要检查内容
2	一般规定	电源线与可燃结构有安全距离，或设阻燃隔离层
		配电线路须穿金属管线保护，不得采用塑料管
		凡移动的电气设备，其电源线必须采用橡胶电缆
		线路的安全距离应符合要求
		线路的导电性能和机械强度应符合要求
		线路的保护装置应安全可靠
		线路绝缘、屏护应良好
		线路相序、相色应正确，标志应齐全、清晰
		线路排列整齐、无影响线路安全的障碍
3	安全检测	电气设备每年至少由具备资格的专业部门进行一次安全检测

表 5-13 临时用电线路 HSE 监督要点

序号	检查项目	主要检查内容
1	管理制度	要有临时用电安全管理制度
2	审批手续	要有临时用电审批手续
		要有安全负责人
3	电线	应采用橡胶绝缘电缆
		电线路径要符合要求
4	线路架设	需架设临时线路时，应经主管部门批准后方可架设
		电气工作人员校验电气设备使用临时线路，在工作完毕后应立即由安装人员负责拆除
		架设高度：室内不小于 2.5m，室外不小于 4.5m，跨越道路不小于 6m
		与其他设备、门窗、水管的距离大于 0.3m
		临时用电架空线应采用绝缘铜芯线
		对需埋地敷设的电缆线线路应设有"走向标志"和"安全标志"。电缆埋地深度不小于 0.7m，穿越公路时应加设防护套管
		临时线路必须放在地面上的部分，应采取可靠的保护措施。临时线路与建筑物、树木、设备、管线间距应符合规定的数值
		严禁在各种支架、管线或树木上架线、挂线
		严禁在爆炸和火灾危险场所架设

续表

序号	检查项目	主要检查内容
5	安全设施及要求	要有一个能带负荷拉闸的总开关
		各支路设有与负荷相匹配的漏电保护器
		临时用电设备保护接地（或接零）线可靠
		装在户外的开关要有防雨设施
		临时用电设备和线路应按供电电压等级和容量正确使用，所用的电气元件应符合国家规范标准要求
		潮湿、污秽场所的临时线路应采取特殊的安全保护措施
6	使用期限	临时线路使用期限一般不超过15d，延长使用期限的要办理手续，但最长不得超过一个月

表 5-14 手持电动工具 HSE 监督要点

序号	检查项目	主要检查内容
1	电源线	绝缘良好，不得有接头，长度不大于 6m
		采用三芯或四芯多股铜心橡胶（或塑料）护套软电缆
2	绝缘电阻	电动工具的开关应灵敏、可靠无破损，规格与负载匹配
		绝缘电阻符合要求：Ⅰ类工具大于 $2M\Omega$，Ⅱ类工具大于 $7M\Omega$，Ⅲ类工具大于 $10M\Omega$
		每年测量一次，做好记录
3	防护罩	防护罩、盖或手柄应无破裂、变形或松动
4	漏电保护器	必须按作业环境的要求，选用手持电动工具。使用Ⅰ类工具必须配备漏电保护器，Ⅰ类工具必须有可靠的接地（或接零）措施
		潮湿场所使用Ⅱ类工具必须配备漏电保护器

表 5-15 电焊机 HSE 监督要点

序号	检查项目	主要检查内容
1	电源开关	电焊机必须装有独立的专用电源开关
		装有漏电保护装置
		容量与电焊机是否匹配
2	防护装置	电焊机一、二次接线柱防护罩是否齐全
3	焊钳	焊钳是否夹紧力好，绝缘可靠，隔热层完好

续表

序号	检查项目	主要检查内容
4	电缆线	电源一次线长度小于或等于 3m，且不得拖地或跨越通道使用
		焊接二次线长度小于或等于 30m，接头不许超过三个
		外皮完整、柔软
		是否用钢筋、铁丝代替电缆线
5	接地	是否有接地线，接触是否良好
		连接建筑物的金属构架、管道、暖气等不应做焊接回路
6	使用环境	焊机使用场所应清洁、周围无易燃爆物
		作业现场应有消防用水和灭火器

四、特种设备 HSE 监督要点

特种设备主要包含高压气瓶及压力容器等，特种设备安全检查是指对井工程涉及的气瓶和其他压力容器在使用和检验全过程中进行的安全检查，及时纠正检查过程中发现的问题，确保特种设备的安全运行。其中特种设备通用 HSE 监督检查内容包括管理制度、购买特种设备应附的资料、登记标志、特种设备安全技术档案、安全检查、应急预案、人员管理、检测检验等；高压气瓶主要监督检查内容包括瓶体、使用、安全装置、装卸吊装、储存摆放等；压力容器主要监督检查内容包括台账、安全管理、设备本体状况、与外部连接、安全附件、安全装置、作业行为检查等。特种设备通用 HSE 监督要点详见表 5-16，高压气瓶 HSE 监督要点详见表 5-17，压力容器 HSE 监督要点详见表 5-18。

表 5-16 特种设备通用 HSE 监督要点

序号	检查项目	主要检查内容
1	管理制度	是否有特种设备安全管理制度
		是否有特种设备相关的安全责任制度
		是否有安全操作规程
2	购买特种设备应附的资料	是否有安全技术规范要求的设计文件
		是否有产品质量合格证明
		是否有安装及使用维修说明
		是否有监督检验证明
3	登记标志	特种设备使用单位是否向特种设备安全监督管理部门登记，登记标志是否置于或者附着于该特种设备显著位置

续表

序号	检查项目	主要检查内容
4	特种设备安全技术档案	是否有特种设备的设计文件、制造单位、产品质量合格证明、使用维护说明等文件及安装技术文件和资料
		是否有特种设备的定期检验和定期自行检查的记录
		是否有特种设备的日常使用状况记录
		是否有特种设备及其安全附件、安全保护装置、测量调控装置及有关附属仪器仪表的日常维护保养记录
		是否有特种设备运行故障和事故记录
5	安全检查	特种设备使用单位是否对在用特种设备至少每月进行一次自行检查，并做好记录
		特种设备使用单位是否对在用特种设备的安全附件、安全保护装置、测量调控装置及有关附属仪器仪表进行定期校验、检修，并做好记录
		是否使用检验不合格或未经定期检验的特种设备
6	应急预案	特种设备使用单位是否制订特种设备的事故应急措施和救援预案
7	人员管理	特种设备使用单位是否对特种设备作业人员进行特种设备安全教育和培训，并取得相应资质证书
		查相关证书，特种设备作业人员是否熟悉特种设备的操作规程和有关的安全规章制度，并严格执行操作规程
8	检测检验	特种设备的监督检验、定期检验和型式试验是否经具有资质的特种设备检验检测机构进行

表 5-17 高压气瓶 HSE 监督要点

序号	检查项目	主要检查内容
1	瓶体	气瓶必须有质量合格证，钢印标记齐全，漆色标志明显
		气瓶内、外表面不得有裂纹和重皮，无明显腐蚀、损伤，最大腐蚀深度不超过 0.5mm
		壁厚不小于气瓶肩部标记的最小厚度
2	使用	在检验周期内使用
		不靠近热源，距明火 10m 以外
3	安全装置	瓶帽按规定材料制造
		瓶帽、防震胶圈齐全、可靠
4	装卸吊装	轻装、轻卸
		严禁使用链绳和电磁起重机
5	储存摆放	专用仓库存放
		分类存放，摆放整齐
		空瓶、实瓶分别放置

表 5-18 压力容器 HSE 监督要点

序号	检查项目	主要检查内容
1	台账	在用容器应逐台编号、登记，建台账
		在用容器需定期检验，严禁超期使用
		有定期巡回检查记录
2	安全管理	压力容器操作人员应持证上岗，压力容器使用单位应对压力容器操作人员定期进行专业培训与安全教育
3	设备本体状况	设备的本体不应有明显的变形、损坏
		连接部位无裂纹、变形、过热、泄漏等缺陷
		外表面无油垢、浮灰，无严重腐蚀，漆色完好
		相邻管道与管件无异常
		焊缝平整，表面不得有裂纹、气孔、夹渣
		人孔、手孔、封头（端盖）等处无泄漏
		疏水器、排污阀及其管道无泄漏，布局合理
4	与外部连接	与外部管道连接处不得有松动、错位现象
5	安全附件	直接式的液位计液位显示应当清楚，便于观察，且最高、最低液位有明显的标志
		安全阀的安装位置应在容器的最高位置，每年至少校验一次。校验后加铅封，记录齐全
		压力表极限刻度值应为工作压力的 1.5~3 倍，表盘直径不小于 100mm；压力表精度应符合规定，经校验并在有效期内
		按规定装设的温度计应完好，灵敏可靠
		按规定应当装设爆破片的压力容器，其爆破片应当完好，定期更换
6	安全装置	快开门式压力容器必须装设安全联锁装置
		当快开门达到预定关闭部位，方能升压运行
		当压力容器的内部压力完全释放后，方能打开快开门
7	作业行为检查	压力容器发生下列异常现象之一时，操作人员应立即采取紧急措施：压力容器工作压力，介质温度或壁温超过规定值，采取措施仍不能得到有效控制；压力容器的主要受压元件发生裂缝、鼓包、变形、泄漏等危及安全的现象；安全附件失效；接管、紧固件损坏，难以保证安全运行；发生火灾等直接威胁到压力容器安全运行；过量充装；压力容器液位超过规定，采取措施仍不能得到有效控制；压力容器与管道发生严重振动，危及安全运行；其他异常情况
		压力容器内部有压力时，不得进行任何修理
		以水为介质产生蒸汽的压力容器，必须做好水质管理和监测，没有可靠的水处理措施，不应投入运行
		压力容器检验、修理人员在进入压力容器内部工作前，使用单位必须按在用压力容器检验规程的要求，做好准备和清理工作。达不到要求时，严禁人员进入

五、防护设备 HSE 监督要点

防护设备是确保设备安全运行和员工人身安全的重要内容，除对主体生产设备进行监督检查外，还应确定要检查的 HSE 设施设备类型和区域。防护设备主要监督检查内容包括护栏、硫化氢监测仪、应急设备设施、防坠落装置等。防护设备 HSE 监督要点详见表 5-19。

表 5-19 防护设备 HSE 监督要点

序号	检查项目	主要检查内容
1	护栏	所有扶手、防护栏杆连接牢固，立柱底座无锈蚀
		1.2m 以上的工作面、平台、过道或走道周围均应安装高度 1m 以上的扶手和立柱
		直梯段高于 3m 的直梯宜安装安全护笼，高于 7m 时应安装安全护笼
2	硫化氢监测仪	在方井、钻台、钻井液出口、上水罐处安装固定式硫化氢探头
		硫化氢气体监测功能灵敏，声光报警功能等数控显示正常
		固定式硫化氢检测仪及传感器探头应一年检定一次
		设备警报功能至少每天测试一次
		进入油气层后传感器应一个月注样测试一次，并做好记录
		便携式硫化氢气体检测仪应处于随时可用状态，每半年检验一次
3	应急设备设施	在硫化氢环境的工作场所井场入口、临时安全区、钻台上、循环系统、防喷器远控台等处不影响风向指示且易于观察的地方设置风向标
		正压式空气呼吸器应处于应急可用状态，每月检查一次并留有记录
		正压式空气呼吸器应每年检测一次、气瓶每三年检验一次，且使用年限不可大于 15 年
		钻台逃生装置入口通畅，挂有安全防护链
		二层台紧急逃生装置完好并定期检查
4	防坠落装置	防坠落装置应配备全身式安全带
		安全钩完整，保险闭锁有效，尼龙绳无老化
		配合使用专用全封闭花篮螺栓和 U 形环
		安全带、连接环、挂钩等无改装痕迹，且相互匹配
		安全带、安全绳、吊绳等坠落防护用具外观无切割、裂缝、划痕、断裂、不规则绳股、金属元件松动等
		坠落防护用具定期检查，且记录齐全

六、设备检维修 HSE 监督要点

设备检修作业的目的是确保设备的安全运行并延长其使用寿命,其内容主要包括确定检修的设备和作业范围,制订检修计划,并准备所需的工具、设备和材料;在开始检修工作之前,确保将设备断电,并采取适当的安全措施;检修时对需要润滑的部件进行润滑,修复或更换检查发现的磨损、断裂或松动的部件,对设备的各项电气参数和功能进行测试、校准和调整,确保其正常运行;在检修作业完成后,清理工作区域,确保设备周围的环境整洁有序。在进行设备检修作业之前,最好参考相关的设备手册、制造商要求和行业标准,并根据现场实际情况制订适合的检修计划和操作规程。设备检维修的主要监督检查内容包括安全措施、安全距离、检修作业、停电检修、防护用品及保护装置、检测等。设备检维修 HSE 监督要点详见表 5-20。

表 5-20 设备检维修 HSE 监督要点

序号	检查项目	主要检查内容
1	安全措施	停电操作必须做到明确停电线路和设备,明确变压器运行方式,明确设备操作顺序等,否则不得进网作业
		用电压等级合适的验电器,在已知电压等级相当,且有电的线路上进行试验,确认验电器良好后,严格遵守相应电压等级的验电操作要求,在检修设备进出线两侧分别进行验电
		当验明被检修线路或设备已断电后,应随即将待修线路或设备的供电出、入口全部短路接地。装设接地线要注意防止"四个伤害",即:防止感生电压的伤害;防止残余电荷的伤害;防止旁路电源的伤害;防止回送电源的伤害。装设接地线必须做到"四个不可",即:顺序不可颠倒;安全措施不可省略;线规不可减小;地点不可变更
		用于警示的标志牌,应使用不导电材料制作,如木板、胶木板、塑料板等。各种标志牌的规格要统一
		标志牌要谁挂谁摘,或由指定人员摘除。不能挂而不摘,或乱挂乱摘。其他人员不得变更或摘除标志牌,否则可能酿成严重后果
2	安全距离	在 10kV 及其以下电气线路检修时,操作人员及其所携带的工具等与带电体之间的距离不应小于 1m
3	检修作业	电路检修或者设备检修时,首先应对检修现场妨碍作业的障碍物进行清理,以利于检修人员的现场操作和进出活动
		检修现场情况十分复杂的,在检修作业前,应巡视一下周围,看有无可能出现外来侵害,如果存在外来侵害,应在检修前做好安全防护
		检修作业中不做与检修作业无关的事,不谈论与检修作业无关的话题,特别是进行紧急抢修作业时更应如此
		检修过程中,若需要用火时,要检查一下动火现场有无禁火标志,有无可燃气体或燃油类物质。当确认没有火灾隐患时,方能动火。如果用火时间长,温度高,范围大,还应预先准备好灭火器具,以防不测

续表

序号	检查项目	主要检查内容
3	检修作业	如果在高处作业，使用的脚手架要牢固可靠，并且人员要站稳。在2m以上的脚手架上检修作业，要使用安全带及其他保护措施
		如果确需多人共同作业，要预先分析可能发生危险的位置和方向，并采取相应的对策后再进行作业。多人作业时，相互之间要保持一定的距离，以防相互碰伤。如果作业人员手中持有利器进行作业，其受力方向应引向体外，并且在作业前看一下周围，提醒他人不得靠近
		在进行变配电区域的接地及网路带电作业时，接装的临时接地装置，必须符合与变配电设施参数相应形式和电阻允许值，以保证一旦发生意外，操作者能在等电位状态下工作
		无论是带电或有可能带电的作业，都必须按有关设备电压等级使用必要的防护用品
		每次检修作业都必须指定专职监护人员，实行严格监护，对每次操作都要确认无误后方可继续进行下一步操作
		带电作业必须经批准，并有可靠的安全防护措施方可进行
		在带电设备附近作业时，必须注意安全距离是否充足，否则要装临时安全遮拦
		在操作或保护回路的二次线上检修时，必须防止混线/接错线和碰地
4	停电检修	停电检修必须放电、验电和挂临时接地线，对未经严格验电确认无电而进行三相短路的设备，网路一律应视为有电
		外部线路进行停电作业时，必须注意：只能由指定的施工负责人负责停送电的联系工作，不得任意更换
		停电检修开始前，必须仔细检查应断开的开关是否确实断开了，特别要注意防止串电或反充电
		停送电联系必须准确、周到和清楚
5	防护用品及保护装置	对常备的防护用品必须定期进行检查、检验、维修，以保证时刻处于良好、可靠状态
		保证断电保护和自动装置时刻处于良好、可靠状态，且必须加强维护、检查、定期调整。当保护装置自动跳闸或高低熔断器熔断后，未查明原因前，不得强行送电
6	检测	配电系统所有电气设备、设施都必须按有关规定、规程要求定期检测

第六章 井工程监督主要依据

第一节 法律法规及其他要求

QHSE 监督是监督机构和监督人员依据法律法规、标准规范和规章制度，对工程项目、承包商和作业人员在生产作业过程中，是否满足 QHSE 管理要求而进行监督与控制的活动。正确选用监督依据是一项重要的基础工作。一般而言，监督依据主要包括：各类法律法规、禁令和红线、标准规范、企业规章制度和监督项目相关文件资料。法律法规、标准规范这方面的监督依据相对来说是确定的，具有一定的通用性。

监督机构应建立法规，标准的管理制度，明确定期获取和识别相关法律、法规、标准、规范及其他法定要求的渠道，定期进行适用性评估，及时更新法律、法规、标准清单和数据库。应全面搜集和选取作为监督依据的各种法律法规、标准规范，以及监督项目相关文件资料并覆盖整个项目，不应有遗漏，尤其不能缺失与项目有重要关系的主要监督依据。监督依据中的各种法律法规、标准规范、企业规章及监督项目相关文件资料应该是最新且现行有效的，不可采用过期或已废止的。监督机构应及时将法律、法规、标准、规范中的新规定、新要求，对监督人员进行知识更新与培训。

我国 QHSE 法律法规的构成主要包括安全生产法律法规体系、环境保护法律法规体系和职业健康法律法规体系。还有保护员工利益的劳动法，以及其他法律法规中有关健康安全与环境的条款，如刑法、劳动合同法等。我国 QHSE 法律法规体系见图 6-1。

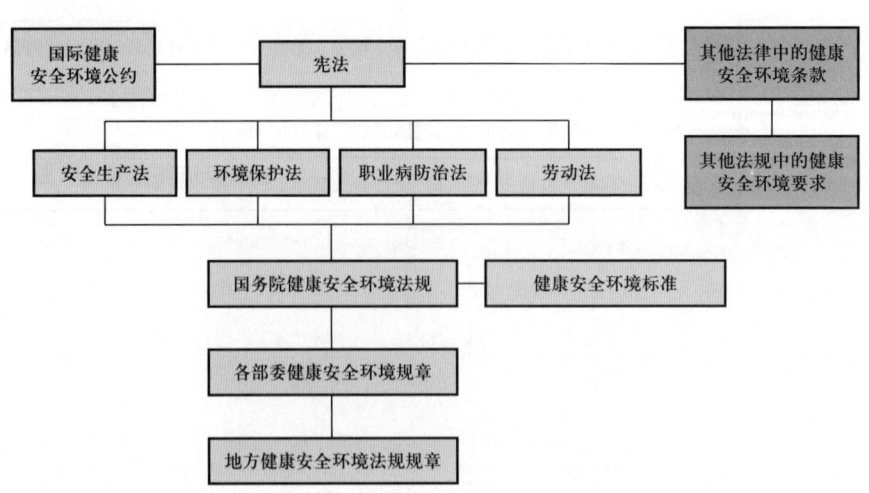

图 6-1 我国 QHSE 法律法规体系

一、相关法律

法律是指中华人民共和国全国人民代表大会及其常务委员会制定，并由中华人民共和国主席签发的规范性文件。主要的安全环保与职业健康的法律法规如下所示：

——《中华人民共和国安全生产法》（中华人民共和国主席令2021年第88号）；
——《中华人民共和国环境保护法》（中华人民共和国主席令2014年第9号）；
——《中华人民共和国职业病防治法》（中华人民共和国主席令2018年第24号）；
——《中华人民共和国劳动法》（中华人民共和国主席令2018年第24号）；
——《中华人民共和国劳动合同法》（中华人民共和国主席令2012年第73号）；
——《中华人民共和国特种设备安全法》（中华人民共和国主席令2013年第4号）；
——《中华人民共和国矿山安全法》（中华人民共和国主席令2009年第18号）；
——《中华人民共和国消防法》（中华人民共和国主席令2021年第81号）；
——《中华人民共和国道路交通安全法》（中华人民共和国主席令2021年第81号）；
——《中华人民共和国突发事件应对法》（中华人民共和国主席令2024年第25号）；
——《中华人民共和国环境影响评价法》（中华人民共和国主席令2018年第24号）；
——《中华人民共和国清洁生产促进法》（中华人民共和国主席令2012年第54号）；
——《中华人民共和国固体废物污染环境防治法》（中华人民共和国主席令2020年第43号）；
——《中华人民共和国大气污染防治法》（中华人民共和国主席令2018年第9号）；
——《中华人民共和国水污染防治法》（中华人民共和国主席令2017年第70号）；
——《中华人民共和国噪声污染防治法》（中华人民共和国主席令2021年第104号）；
——《中华人民共和国放射性污染防治法》（中华人民共和国主席令2003年第6号）；
——《中华人民共和国传染病防治法》（中华人民共和国主席令2013年第5号）。

二、相关法规

法规是主要指行政法规、地方性法规等，行政法规由国务院制定，地方性法规由地方人民代表大会及其常委会制定。法规一般以"条例"的形式颁布，其效力仅次于法律。常用的健康安全环境行政法规如下：

——《安全生产许可证条例》（中华人民共和国国务院令2014年第653号）；
——《危险化学品安全管理条例》（中华人民共和国国务院令2011年第591号）；
——《生产安全事故应急条例》（中华人民共和国国务院令2019年第708号）；
——《电力安全事故应急处置和调查处理条例》（中华人民共和国国务院令2011年第599号）；
——《特种设备安全监察条例》（中华人民共和国国务院令2009年第549号）；
——《电力设施保护条例》（中华人民共和国国务院2011年第638号）；
——《工伤保险条例》（中华人民共和国国务院令2010年第586号）；

——《排污许可管理条例》(中华人民共和国国务院令 2021 年第 736 号);

——《民用爆炸物品安全管理条例》(中华人民共和国国务院令 2014 年第 653 号);

——《使用有毒物品作业场所劳动保护条例》(中华人民共和国国务院令 2002 年第 352 号);

——《放射性同位素与射线装置安全和防护条例》(中华人民共和国国务院令 2019 年第 709 号);

——《突发公共卫生事件应急条例》(中华人民共和国国务院令 2010 年第 588 号)。

三、部门规章

部门规章是由国务院各部委,以及各省、自治区、直辖市的人民政府和省、自治区所在地的市及设区市的人民政府制定和发布的规范性文件。名称一般都是"规定""办法"等,规章效力低于法律和法规。常用的健康安全环境行政法规如下:

——《突发事件应急预案管理办法》(国办发〔2024〕5 号);

——《生产安全事故应急预案管理办法》(中华人民共和国应急管理部令 2019 年第 2 号);

——《生产安全事故信息报告和处置办法》(国家安全生产监督管理总局令 2009 年第 21 号);

——《生产安全事故报告和调查处理条例》(国家安全生产监督管理总局令 2015 年第 77 号);

——《特种作业人员安全技术培训考核管理规定》(国家安全生产监督管理总局令 2015 年第 80 号);

——《特种设备事故报告和调查处理规定》(国家市场监督管理总局令 2022 年第 50 号);

——《工作场所职业卫生管理规定》(国家卫生健康委员会令 2020 年第 5 号);

——《职业健康检查管理办法》(国家卫生健康委员会令 2019 年第 2 号);

——《职业病危害因素分类目录》(国卫疾控发〔2015〕92 号);

——《职业病危害项目申报管理办法》(国家安全生产监督管理总局令 2012 年第 48 号);

——《突发公共卫生事件与传染病疫情监测信息报告管理办法》(中华人民共和国卫生部令 2003 年第 37 号,2006 年修改);

——《企业劳动防护用品管理规范》(安监总厅安健〔2015〕124 号);

——《突发环境事件应急管理办法》(中华人民共和国环境保护部令 2015 年第 34 号);

——《消防监督检查规定》(中华人民共和国公安部令 2012 年第 120 号);

——《生产经营单位安全培训规定》(国家安全生产监督管理总局令 2015 年第

80 号）；

——《安全生产培训管理办法》（国家安全生产监督管理总局令 2015 年第 80 号）；

——《废弃危险化学品污染环境防治办法》（国家环境保护总局令 2005 年第 27 号）；

——《安全生产事故隐患排查治理暂行规定》（国家安全生产监督管理总局令 2008 年第 16 号）；

——《生产安全事故信息报告和处置办法》（国家安全生产监督管理总局令 2009 年第 21 号）；

——《危险化学品登记管理办法》（国家安全生产监督管理总局令 2012 年第 53 号）；

——《危险货物道路运输安全管理办法》（中华人民共和国交通运输部令 2019 年第 29 号）；

——《危险废物转移管理办法》（中华人民共和国生态环境部、中华人民共和国公安部、中华人民共和国交通运输部令 2021 年第 23 号）；

——《国家危险废物名录（2021 年版）》（2020 年 11 月 5 日经中华人民共和国生态环境部部务会议审议通过）；

——《放射性同位素与射线装置安全和防护管理办法》（中华人民共和国环境保护部令 2011 年第 18 号）。

四、项目文件

只有全面熟悉和准确把握不同监督依据的具体内容和特点，才能充分发挥各种监督依据的作用，做好监督工作。监督项目相关文件资料是针对具体项目所特有的个性化的东西，随着监督项目的不同而不同。

（一）管理体系文件

即被监督单位的有效 QHSE 管理体系文件，包括管理手册、规章制度、企业标准、操作规程都是法律法规的延伸，具有法的效力，是企业监督的自然依据。

（二）项目文件资料

监督项目相关文件资料是指监督项目的相关政府批文和有关的技术资料、管理资料等，它能反映项目特点，是重要的监督依据也是各种监督依据中最活跃的部分。

（1）常规施工作业中不同专业要求迥异，安全技术领域多、跨度大，管理和技术要求各不相同，虽然上述施工作业均有相应的标准规范和企业规章适用于监督，但诸如各项工程、地质设计、施工图、施工方案等资料是标准规范无法替代的。

（2）非常规施工作业中动火、临时用电、高处作业、受限空间作业等作业均属特殊作业，需要实施许可管理，涉及许可管理的开工许可证、施工方案、应急预案等资料，自然地也成为现场监督的重要依据。

（3）建设工程的有关安评、环评资料，一些关键设备设施的制造、安装、施工、验收,包括生产中的技术检验、监测资料,危险化学品安全技术说明书等,毋庸置疑都应该成为现场监督的重要依据。

第二节 规范标准

我国很多法律法规中没有规定的有关技术性的内容是通过标准进行规范的,同时在法律法规中明确了标准的法律地位。也就是说安全生产标准,无论是国家标准,还是行业标准,都具有法律效应。技术规范与标准是我国健康安全环境法律法规体系中的一个重要组成部分,也是法制管理的基础和重要依据。从某种意义上讲,安全生产标准是安全生产法律的延伸,是重要的技术性法律规定。由于各类标准规范的数量巨大,应设置专门的人员收集、建立和维护现行有效标准规范清单和文件。

QHSE 标准规范是日常监督及编写井工程 QHSE 监督工作手册的重要依据,也是在生产工作场所或领域,为改善劳动条件和设施,规范生产作业行为,保护员工免受各种伤害,保障员工人身安全健康,实现安全生产的准则和依据。QHSE 标准规范共分为国际标准、国家标准、行业标准、地方标准和企业标准等五类,也分为强制性标准和推荐性标准两类。QHSE 标准规范的范围涉及设计、管理、方法、技术、监督、检验检测各个领域。井工程主要标准规范目录见附录。下面介绍井工程 QHSE 监督主要规范的内容。

一、钻井监督工作规范

钻井监督工作规范包含了石油天然气钻井工程项目的监督准备、开钻验收、过程监督、质量控制、井控与 HSE、变更管理、完井验收及监督总结等工作内容。

(一)监督准备

(1)钻井监督应持有效资格证书,包括但不限于监督资格证书、井控培训合格证。在探井及含硫区块钻井监督应持有硫化氢防护培训合格证。

(2)钻井监督应配备相关资料、工具及装备,包括但不限于钻井地质设计、钻井工程设计、井控实施细则、信息采集、数据处理、通信工具,安全防护用品。

(3)钻井监督应熟悉施工井的承包合同技术条款、相关设计,如有疑问应与项目建设单位或设计单位沟通,并提出合理建议。

(4)钻井监督应编制钻井监督工作计划书,明确监督要点。

(5)钻井监督应参与建设单位、施工单位的技术交底。

(二)开钻验收

1. 资质与资料检查

(1)施工队伍应具有有效的队伍资质、市场准入,现场施工设备、人员与申报资质相符。

（2）施工队伍关键岗位（队长、副队长、技术员、司钻、副司钻等）人员应持有规定的有效资格证书。

（3）钻井地质设计、钻井工程设计、施工设计、变更设计及应急预案应齐全并经过审批后，方可开工。

2. 设备与材料检查

（1）钻井设备应满足钻井工程设计及施工要求。

（2）井控设备应满足钻井工程设计要求，并附有试压和检测报告。

（3）仪器仪表应齐全、有效。

（4）现场材料储备应满足钻井工程设计要求。

3. 验收整改

（1）钻井监督应参与开钻检查验收。

（2）钻井监督应参与钻开油气层前的检查验收。

（3）对检查发现的问题，钻井监督应落实整改，整改完成后方可开工。

（三）过程监督

钻井监督应按要求对值班室、钻井液室、录井房、场地、振动筛、循环罐、储备罐、钻井液材料房、钻台、井口、节流管汇、压井管汇、放喷管线、远程控制台、消防室开展巡回检查，对于所发现的问题，督促施工队伍限期整改并做好记录，钻井监督应填写钻井监督日志。钻井监督应掌握钻井施工动态，当发生井下复杂故障或施工未执行设计时应及时汇报，督促施工队伍落实上级主管部门指令。钻井监督应督促施工队伍取全、取准资料。

1. 钻井驻井监督

钻井驻井监督应对下列重点工序及关键环节进行旁站，包括但不限于：

（1）井控装置试压。

（2）地漏试验、承压试验。

（3）井漏、溢流等涉及井控安全的复杂与故障处理。

（4）钻头、特殊工具和仪器的入井、出井。

（5）钻井液性能参数测量及油气层保护材料加入。

（6）单点、多点及随钻测量。

（7）钻井取心工具的组装、取心钻进及出心。

（8）套管丈量及下套管作业关键工序。

（9）注替水泥浆固井作业。

（10）井口安装、坐挂、试压。

（11）套管试压。

2. 钻井巡井监督

钻井巡井监督应对下列重点工序及关键环节进行旁站和检查。旁站重点工序及关键环节，包括但不限于：

（1）井控装置试压。

（2）涉及井控安全的复杂与故障处理。

（3）地漏试验、承压试验。

（4）特殊工具和仪器的入井、出井。

（5）下套管作业关键工序。

（6）注替水泥浆固井作业。

（7）井口安装、坐挂、试压。

（8）套管试压。

3. 钻井监督检查重点工序及关键环节

钻井监督检查重点工序及关键环节包括但不限于：

（1）入井钻具组合。

（2）钻井取心工具的组装、取心钻进及出心。

（3）钻井液性能参数测量及油气层保护材料加入。

（4）单点、多点及随钻测量数据。

（5）套管数据。

4. 入井材料

钻井监督应对入井材料进行下列检查：

（1）钻井液材料合格证应在有效期内。

（2）钻井液外加剂及加重材料数量应符合钻井工程设计要求，现场存放条件应满足相关要求。

（3）钻开油气层前，督促施工队伍按设计要求落实油气层保护措施，包括油气层保护材料加入、钻井液性能维护及钻井液浸泡时间。

（4）水泥及外加剂合格证应在有效期内。

（5）钻井监督应对甲方材料进行现场检查，检查内容包括：生产厂家、规格型号、检验报告、合格证、数量及外观，核查使用与回收台账。

5. 施工过程中的问题处理

及时处理施工过程中发现的下列问题：

（1）对违反合同、规定、标准、指令的施工行为和影响安全生产、导致工程质量不合格及环境污染等问题，钻井监督应及时制止和下达检查整改通知单，并监督整改。

（2）对施工队伍不按期整改、整改不合格或已造成复杂、故障、停工及质量影响或经济损失的，钻井监督应下达监督备忘录，并报相应监督部门和建设单位。

（四）质量控制

1. 通用要求

钻井监督应督促施工队伍落实各项工程技术措施及相关设计要求。

2. 井身质量

1）测量仪器及测量结果

核查测量仪器是否按要求进行标定。核查施工队伍井身质量测量和其他方测量结果，并及时汇报。

2）直井

督促施工队伍按钻井工程设计、合同技术条款要求落实防斜打直技术措施和测斜。井斜角出现增大趋势时，督促施工队伍及时采取防斜措施，加密测点和改变测斜方法。收集测斜数据，督促施工队伍及时分析测斜数据。井眼轨迹若不符合钻井工程设计要求，应及时汇报并制止。核查井斜角、全角变化率、井底水平位移、平均井径扩大率及井口倾斜角等井身质量指标是否符合钻井工程设计。

3）定向井、水平井

督促施工队伍按钻井工程设计要求落实井眼轨迹控制、防碰及绕障技术措施。及时掌握井眼轨迹，督促技术人员计算分析。核查定向井井斜角、全角变化率、靶区半径、平均井径扩大率及井口倾斜角等井身质量指标是否符合钻井工程设计。核查水平井全角变化率、着陆点位置、水平段纵横偏移、平均井径扩大率及井口倾斜角等井身质量指标是否符合钻井工程设计。

3. 固井质量

1）套管检查

核查到井套管及附件是否符合钻井工程设计，管体标识（生产厂家、钢级、壁厚、扣型）是否清晰可见并与送检报告一致，套管护丝是否齐全。督促施工队检查管体有无锈蚀、伤痕、坑凹、弯曲，螺纹有无损伤，不合格套管严禁入井。核查套管是否排列整齐、编号并用标准通径规逐根通径。督促施工队按要求清洗螺纹。监督到井套管丈量、计算、校对，并核查是否按要求附加备用套管，核查套管管串及附件。

2）井眼准备

督促施工队伍按钻井工程设计和固井施工设计要求进行井眼准备及钻井液性能调整。核查下套管前防喷器闸板心子尺寸与套管匹配情况，或准备带有专用接头的防喷单根。

3）下套管作业

督促套管连接使用套管扭矩仪，上扣扭矩应符合厂家推荐值，确认上扣扭矩曲线正常并保存。督促施工队伍下套管操作平稳、下放速度均匀，按要求灌浆，检查井口钻井液返出及悬重变化情况。督促按要求加放扶正器和使用套管密封脂。及时核对入井套管数量，核查套管下深是否符合设计要求。

4）注替水泥浆

施工前核查水泥浆性能试验结果、水泥浆体系类型是否符合固井施工设计要求。下套管结束后，循环期间观察溢流、漏失和坍塌情况，发现异常及时汇报。注水泥时，检查水泥浆密度、泵压变化及钻井液返出情况，发现异常及时汇报。检查注替流量和注替量，是否正常碰压。按固井施工设计要求，核查固井施工数据。

4. 取心质量

督促施工队伍做好取心前井眼、钻头、工具、附件、组装和各项材料的准备工作检查。督促施工队伍在取心过程中执行取心技术措施和操作规程。核查所取岩心的形状、长度、岩心收获率、密闭率等指标。

（五）井控与HSE

钻井监督应参加施工队伍井控例会，督促落实井控相关管理制度，做到"发现溢流立即关井、疑似溢流关井检查"。钻井监督应核查施工队伍是否按钻井工程设计要求配备井控设备及材料，井控装置安装、固定、试压、维护保养是否符合标准要求。钻井监督应督促施工队伍对各层级检查发现问题按期整改。发生井喷或井喷失控事故时，钻井监督应按汇报程序向建设单位和主管部门汇报，收集好相关资料。钻井监督应根据HSE管理要求，督促施工队伍落实"两书一表"（作业指导书、作业计划书、现场检查表）和应急预案。钻井监督应督促施工队伍按标准规定处理钻井废弃物。

（六）变更管理

施工过程中与原设计发生变化时，钻井监督应及时向建设单位主管部门汇报。关键岗位人员发生变更时，钻井监督应督促施工队伍对变更人员进行评估，并向建设单位备案。钻井监督交接班应进行书面交接，即交班钻井监督离开岗位前应填写钻井监督交接书。

（七）完井验收

钻井监督应按要求参与完井井口安装、试压及交接工作，并签署验收意见，完井监督及验收应符合标准规定。钻井监督应按要求负责甲方材料的回收或转井相关工作。钻井监督应督促钻井施工队伍向中国石油集团各油田公司相关部门提供准确完整的工程资料。钻井监督应按要求参与钻井工程质量评审。

（八）监督总结

钻井监督应及时编写钻井监督报告。

二、井下作业监督工作规范

井下作业监督工作规范包含了监督准备、开工验收、作业过程监督、变更与确认、完工验收、监督总结及施工质量评定等工作内容。

（一）监督准备

井下作业监督应配备监督资料及工具，包括井控实施细则、设计文件，视频影像采集工具，安全防护用品及劳保用品等。监督人员应熟悉施工井的地质、工程和施工设计，如有疑问，应与项目建设单位或设计单位沟通，并提出合理建议。监督人员应编制井下作业监督工作计划书，明确监督要点。驻井监督应以单井为单元，编制驻井监督工作计划书，巡井监督也应根据计划安排编制巡井监督工作计划书。监督应参与项目建设单位的技术交底，组织或参加施工单位的技术交底。

（二）开工验收

1. 资质

施工队伍应具有相应的施工资质及市场准入证，施工设备、人员满足资质要求。

2. 资料

（1）现场地质设计、工程设计、施工设计及应急预案齐全并经过审核、审批。

（2）现场施工作业许可、技术交底记录齐全。

（3）井控管理资料、HSE活动记录齐全。

3. 设备

（1）井下设备应满足设计及施工要求，井架及游动系统、动力传动系统、液压系统及辅助设备性能完好。

（2）井控设备应满足工程设计要求。

（3）仪器仪表齐全、有效。

4. 现场标准化及HSE

（1）常规井场布置及硫化氢环境下井场布置应符合标准规定。

（2）急救药箱、正压式呼吸器、有毒有害气体检测仪、可燃气体报警仪等安全防护设备设施有效。

（3）消防器材齐全、可靠。

（4）清洁作业设备设施应满足环保要求，确保油水不落地。

5. 开工

监督检查完毕后，满足施工要求的允许开工；对发现的可能影响质量、安全、环保等问题，整改验收合格后，方可开工。

(三)作业过程监督

1. 日常检查

(1) 监督应依据设计、标准及监督计划,对现场作业实施监督。

(2) 监督应检查施工队伍 HSE 开展情况,包括文件宣贯学习、井控制度落实、应急演练、清洁生产、废弃物处置等,井控安全应符合标准规定。

(3) 监督应检查入井材料、工具、井控装备及其使用情况。

(4) 监督应督促施工队伍按标准规定取全、取准资料。

(5) 发生井涌、井喷时,督促施工单位执行作业队伍的应急预案,立即采取应急措施,并及时向建设方及上级主管部门汇报。

(6) 施工中发生其他突发事件时,督促施工队伍执行应急措施,监督应急措施的执行情况,及时报告有关部门,对突发事件进行分析并做好相应记录。

(7) 监督应填写监督日志,详细记录工程进度、质量、材料、工具使用、配合施工作业、资料录取情况。

(8) 监督应按照三项设计及相关标准,对重点工序进行监督与检查,并将监督和检查结果记录在监督日志中。

2. 工序质量监督

1) 洗压井

洗井工序质量监督按照以下步骤进行:

(1) 核查洗井液名称、数量、密度、黏度、pH 值等参数及备液量符合设计要求。

(2) 核查洗井方式、管柱结构、洗井深度符合设计要求。

(3) 核查施工参数符合设计要求。

(4) 洗井施工中加深或上提管柱前,监督循环一周以上方可动管柱。

(5) 洗井施工中,监督作业队做好进口、出口液量的计量,核查洗井携带物的名称、特征,确认洗井液进出口液性一致,确保洗井质量。

压井工序质量监督按照以下步骤进行:

(1) 核查压井液名称、密度、黏度等参数及压井液量符合设计要求。

(2) 核查压井方式、管柱结构、下入深度符合设计要求。

(3) 确认压井应达到进出口压井液密度、黏度、排量一致,现场观察 30min,井口无外溢。

2) 起下管杆

起下管杆前,核查井口、防喷器安装符合设计要求。核查起出管杆和井下工具名称、规格、型号、数量、总长度并描述记录,检查向井内补灌压井液情况,保持液柱压力平衡。核查上提管柱最大负荷,起大直径工具和最后几根油管时,监督提升速度要小于或等于 5m/min,防止碰坏井口、油管或井下工具。核查下井管杆和井下工具名称、规格、型号、数量、深度符合设计要求。核查下井油管涂抹密封脂，上紧上满螺纹，保证管柱密封，严禁有缺陷的油管下入井内。监督油管下放速度，当下至接近设计深度或下入大直径工具通过射孔井段时，下放速度应小于或等于 5m/min。严禁有缺陷的油管下入井内，泵柱塞下至距泵筒 5～10m 时，应平稳缓慢下放使柱塞顺利进入泵筒。

3）通井

核查通井规规格型号、外观尺寸符合设计要求。监督通井作业平稳操作，管柱下放速度控制为小于或等于 20m/min，下至距离设计位置 100m 时下放速度应小于或等于 10m/min；确认探入工井底时重复两次，深度误差不大于 0.5m。通井作业中，若中途遇阻，监督悬重下降控制不超过 30kN，并平稳活动管柱、循环冲洗；对遇阻井段应分析情况或实测打印证实遇阻原因。核查起出通井规痕迹描述，监督按设计要求进行洗井。

4）刮削

核查刮削器规格型号、外观尺寸符合设计要求。监督刮削作业平稳操作，管柱下放速度控制为小于或等于 20m/min，下至距离刮削井段前 50m 时，下放速度应小于或等于 10m/min。核查接近刮削井段开泵循环正常后，按设计要求上提下放反复刮削套管，并确认刮削深度符合设计要求。监督刮削作业若中途遇阻，当悬重下降 20～30kN 时，应停止下管柱，接洗井管汇开泵循环，上提下放管柱，反复刮削直到管柱悬重恢复正常，再继续下管柱；如仍无法通过，应起出刮削工具，并分析情况或实测打印证实遇阻原因。刮削完毕，监督按设计要求进行洗井，核查洗井排出物的名称、特征。

5）冲砂

冲砂前，核查探砂面方式和探砂面深度符合设计要求。核查冲砂方式、管柱结构、下入深度、冲砂液性能、冲砂施工参数（泵压、排量、用液量）符合设计要求。核查接单根时间控制在 3min 以内，连续冲砂超过五个单根后，确保循环洗井一周。监督冲砂施工中发现地层严重漏失，井下液不能返出地面时，应立即停止冲砂，将管柱提至原始砂面 10m 以上，并反复活动。监督高压自喷井冲砂出口排量，应保持与进口排量平衡，防止井喷。核查冲砂至设计深度后，应保持排量继续循环，当出口含砂量少于 0.2% 为冲砂合格。冲砂后，沉降 4h 后复探砂面，记录深度，确认冲砂深度符合设计要求。

6）试压

核查试压深度、方式、介质符合设计要求。确认试压压力值、稳压时间、压降值符合设计要求。

7）换装井口

换装井口装置前，确认采取措施隔离油气层，保证井筒无漏失、井口无溢流。核查换装井口装置名称、规格、型号，油管挂规格、型号、最小通径，套管短节规格、长度符合设计要求。确认换装井口装置与连接的套管保持同轴，同轴度允许误差为 ±2°，偏心距误差不大于 2mm。换装井口装置后，核查试压符合设计要求。确认套补距、油补距校核允许误差不超过 ±2mm。

8）射孔

核查射孔井口装置、射孔液性能符合设计要求。核实射孔工艺、枪型、弹型、孔密、孔数、相位、枪长、厚度、层位等参数符合设计要求。监督施工队复核定位短节至射孔枪顶部之间的管串长度。监督射孔枪及定位短节入井。起射孔枪前应充分循环压井液，循环后井筒应平稳且满足安全起下管柱要求。起出射孔枪后，监督施工队伍核实射孔弹发射率。

9）压裂

核实压裂管柱结构符合设计要求。核查压裂液、支撑剂的性能检测报告、数量符合压裂设计要求。检查压裂井口、地面管汇及管线的安装固定，并监督试压合格。参与压裂施工前技术交底会。监督压裂施工过程中泵注程序与施工参数符合设计要求。压裂施工结束后，核实并确认压裂液、支撑剂、药品、井下工具、压裂设备等工作量。

10）酸化

核实酸化管柱结构符合设计要求。核查酸液的性能检测报告、数量符合酸化设计要求。检查酸化井口、地面管汇及管线的安装固定，并监督试压合格。参与酸化施工前技术交底会。监督酸化施工过程中泵注程序与施工参数符合设计要求。酸化施工结束后，核实并确认酸液、药品、井下工具、酸化设备等工作量。

11）气举

核查气举管柱结构及下入深度符合设计要求。核查气举用地面流程安装固定，并监督试压合格。核查气举工作介质、数量、掏空深度、排液量满足设计施工要求。气举施工结束后，核实并确认气举材料、设备工作量。

12）排液

核查井口安装、排液方式、排液设备、工具符合设计要求。监督排液施工程序和设计一致，各阶段施工参数符合设计要求。核查排液计量罐置于井口的季节性下风方向，距井口距离不应小于25m。

13）打捞

打捞前核查校准指重表，确保指重表灵敏准确；核查井筒数据、井下落物及鱼顶情况，确认鱼顶深度和鱼顶形状。核查打捞工具、管柱结构符合设计要求。下钻至近鱼顶时，监督放缓下钻速度并开泵循环冲洗鱼顶。打捞时，观察指重表变化，确认捞获落鱼。捞获落鱼起钻时，监督油管上提速度符合设计要求。打捞过程中，监督油、水层不受二次伤害与破坏，不损坏井身结构。若遇卡，核查井架固定支撑牢靠，井架绷绳连接符合安全规范，确认上提最大负荷不超过管柱安全负荷。核查按设计要求打捞完所有落物，确认打捞结果。

14）套磨铣

核查套铣、钻磨工具、管柱结构符合设计要求。核查井下液性能符合设计要求。监督套磨铣施工过程，要求施工队伍控制好下钻速度，注意保护套管。套铣、钻磨后，监督循环洗井质量，核查残余物处理符合设计要求。

15）找窜、封窜

核查找窜方式、施工程序、管柱结构符合设计要求。确认并记录窜槽井段。核查封窜层位、封窜方式、施工程序、管柱结构符合设计要求。核查验窜、试压程序符合设计要求。

16）注水泥塞

注塞之前，核查上部套管试压符合设计要求，确认套管无漏失。核查注水泥浆工具名称、规格、深度符合设计要求。核查水泥浆性能、注入方式、注入深度、注入量符合设计要求。核查顶替液用量及上提油管数量符合设计要求。核查候凝时间符合设计要求，加深管柱探水泥塞面符合设计要求。确认水泥塞试压结果符合设计要求。

17）下桥塞

核查桥塞名称、规格、型号符合设计要求。监督桥塞下入方式、坐封方式、坐封深度符合设计要求。下入桥塞后，确认试压结果符合设计要求。

18）钻塞

核查井控装置安装、试压合格。核查压井液性能满足井控和油层保护要求。核查钻塞工具、下井管柱符合设计要求。监督钻塞过程，确认钻塞深度符合设计要求，并确保井内无残留水泥环。

19）套管修复

核查套管变形深度、变形尺寸、形状，若套管漏失，核查漏失深度、漏洞尺寸、形状。确认修套方式，核查修套工具、井下液性能符合设计要求。监督修套过程，施工不得伤害油层。施工完毕后，核查用相应尺寸通井规通井并试压，确认通井、试压满足设计要求。

20）完井作业

核查入井管柱和井下工具名称、规格、型号、数量、深度符合设计要求。确认入井油管螺纹密封、管杆清洁。核查井口装置安装、检验符合设计要求。完井后，标注完井管柱示意图，确认油井试抽憋压合格、光杆不碰不挂，注水井封隔器坐封位置符合设计要求。

21）带压作业

核查施工队伍的资质、人员持证情况。检查带压作业设备的规格型号，其作业能力满足设计要求。核查油管堵塞器下入深度及试压结果符合设计要求。带压作业用井控设备的配置应符合设计要求，并监督试压合格。检查地面管线的安装固定，并监督试压合格。检查井下工具的规格型号符合设计要求，合格证、检测报告等证件齐全。监督井下工具的连接、入井过程。

22）连续油管作业

核查施工队伍的资质、人员持证情况。连续油管设备施工能力满足设计要求，检查连续油管及其附件的检测报告。连续油管施工用井控设备的配置应符合设计要求，并监督试压合格。下井连续油管规格尺寸及工具符合设计要求。

3. 整改与验证

1）检查整改

施工过程中发现违反合同、规定、标准、指令的施工行为和影响安全生产、导致工序质量不合格及环境污染等问题，监督应及时制止和下达检查整改通知单，并监督整改。

2）监督备忘录

对施工单位不按期整改、整改不合格或已造成复杂、事故、停工及质量影响或经济损失的，应下达监督备忘录，提出处理意见，并报相应监督部门和建设单位。

（四）变更与确认

（1）监督现场落实施工工程中确需变更的工序，及时向建设方主管部门汇报，并对作业工作量、工具、材料增减进行确认。

（2）监督应对入井工具、材料、作业工作量进行确认并记录。

（五）完工验收

作业完工后，监督人员参加作业井完工验收，并在相关资料上签署验收意见。

（六）监督总结及施工质量评定

（1）编写井下作业监督报告，内容包括：施工简况，作业工作量、入井材料、施工周期确认，作业质量分析，影响工期、施工质量、安全、环保的问题及整改落实情况，返工井、事故井原因分析及处理意见，工程费用结算意见等。

（2）参加管理部门组织的井下作业质量评定会议，提出相关质量评定意见。

三、试油监督工作规范

试油监督工作规范包含了监督准备、过程监督与质量要求、完工验收与监督总结等工作内容。

（一）监督准备

1. 设计

试油监督应了解施工井的地质设计、工程设计和施工设计（如射孔、验窜、下测试管柱、储层改造、封层作业、地面计量、取样及资料录取等）内容和具体要求。复核施工设计单位和设计人员的资质。

试油监督发现设计有缺陷应向设计编制、审批单位提出。试油监督应依据设计编制试油监督工作计划书，明确监督要点。高压井及高含硫化氢井的试油工程设计应满足以下要求：

(1)油层套管、试油及完井投产管柱强度校核符合标准规定。
(2)对于完井封隔器下在尾管悬挂器之下的,对尾管悬挂器进行负压测试。
(3)储层改造、诱喷、生产、关井等各个工况下,明确油、套压控制参数及各级套管头对应环空可接受最大带压值。

2. 施工前准备

(1)施工准备及交接井应符合标准规定。
(2)检查施工单位与发包方签订的经济合同及HSE合同(含资质)。
(3)检查施工单位的市场准入证,施工单位及人员、装备的资质应与准入证相符。
(4)依据设计核查施工所用设备、入井工具和材料的生产合格证,以及发包方认可的检测部门提供的质量检测报告,必要时提出复检要求。
(5)高温井、高压井、超高压井试油压井液应进行高温稳定性试验。
(6)依据设计检查施工现场相应健康、安全、环保要求的落实情况。必要时,应编制专项应急预案,并按规定程序进行审批。
(7)试油监督应参加开工检查(验收),填写开工验收表。监督施工单位及时整改检查中发现的可能影响质量、安全、环保等问题,验收合格后方可开工。

(二)过程监督与质量要求

1. 井筒准备

1)通井

下井钻杆或油管应满足作业要求,接箍紧固、螺纹清洁无损、管壁内外无泥沙、无结蜡、无弯曲、无裂痕、无腐蚀孔洞。下井钻杆或油管应进行丈量、三次复核,每1000m累计误差应小于0.2m,并有详细记录。下井钻杆或油管应在地面上用通径规逐根通径。通井规外径应小于套管内径6~8mm,大端长度不应小于0.5m。通井时应平稳操作,下管柱速度控制在10~20m/min,下到距离悬挂器、设计位置或人工井底100m时下放速度为5~10m/min。当通至人工井底悬重下降10~20kN时,重复两次,测得人工井底深度误差应小于0.5m。

2)洗井

按设计要求洗井作业,要求洗井液用量不应小于井筒容积的1.5倍,排量控制在417~584L/min,连续循环两周以上,达到进出口液性一致。洗出液应进罐计量。若油水同出,则计算出油水比。洗井液及洗出液应及时取样分析。

3)套管刮削

监督应检查刮削器的尺寸、扣型和刮刀片灵活度。监督封隔器的预坐封井段上下50m反复刮削三次,刮削器不出套管鞋。

4)铣尾管悬挂器

铣尾管悬挂器作业应符合标准规定。依据回接筒结构、尺寸等参数,复核磨铣工具。

磨铣过程中，监督泵压、转速、下压吨位等参数。起出磨铣工具，检查工具磨损情况。

5）冲砂

监督冲砂前探砂面深度，探砂面管柱加压吨位为 5～10kN。监督冲砂时不得中途停泵。若泵车发生故障或其他原因不能连续冲砂时，应上提油管至原始砂面以上 10m，裸眼井上提至套管鞋内；当提升系统发生故障时，须保证正常循环，洗干净井筒。监督冲砂至人工井底或设计井深时，应保持 400L/min 以上的排量继续循环，出口含砂量小于 0.2% 为冲砂合格。然后上提管柱 20m 以上，大斜度井、水平井提至套管鞋内或造斜点以上，沉降 4h 后复探砂面，记录深度。

2. 射孔

直井和水平井射孔作业应符合标准规定。参加射孔前打开油气层验收。检查射孔液性能、井筒状况，应满足设计要求。检查射孔施工队伍资质及人员的持证情况。射孔枪、射孔弹、起爆器等各项技术指标应达到标准中指标且符合设计要求。检查是否根据射孔设计连爆图组装射孔枪，起爆器销钉数和剪切值是否符合设计要求。

每次下井的射孔枪身零长、总长、装弹数等与设计和连爆图进行检查核对无误后方可入井。检查校准射孔深度，误差不应大于 0.2m。射孔管柱应保证射孔后具有循环压井通道，同时应满足校深仪器的下入。检查射孔发射率，低于 95% 应补射孔。如枪身有严重变形、裂缝等，应考虑补射孔。

3. 起下作业

监督检查封井器安装及试压情况。监督检查入井工具与设计的符合情况。监督检查起下速度及灌液情况。采用气密封特殊螺纹油管的测试完井一体化管柱，检查入井时每个连接螺纹的气密封检测情况，油管气密封检测应符合标准规定。

4. 换装井口

监督换装井口装置时，施工队伍在安全时间窗口内更换井口装置。检查井口装置更换后的试压情况。自喷井、溢漏转换井换装井口作业时，检查从储层至井口的整个流动通道中，应至少有两个独立的井屏障。

5. 储层改造

参加施工前技术交底和安全环保作业交底，检查并记录入井材料的准入证、检测报告及数量等。检查井口及管汇固定、试压情况。施工过程中记录相关施工参数（泵压、排量、套压、砂比、交联比等）。监督排液放喷情况，并准确记录压力、返排液量、液性、返排液黏度、氯根、碳酸氢根、pH 值、固含、油气产量等参数。

6. 地层测试

测试作业操作应符合标准规定。确认测试工具性能良好，管柱结构合理，深度准确无误。监督测试过程记录详细、准确；测试工作制度合理。检查电子压力计应尽量靠近测试层中部，所测压力应在压力计量程的30%~85%，压力曲线上开关井的压力点记录清晰、连续、完整、形态正确，能用于定量参数计算。复核测试封隔器坐封位置，应尽量避开套管接箍、套管附件等可能影响封隔器有效密封的井段，选择固井质量好、井斜度小等利于封隔器有效密封的井段。

7. 测压、测温及油、气、水取样

根据施工设计要求，监督所测压力应在压力计量程的30%~85%范围内，电子压力计应尽量靠近测试层中部测取流压、流温和静压、静温。

8. 排液

1）替喷

监督替喷作业井口装置及防喷工具满足要求。替喷管柱底部带油管鞋，复核油管下入深度符合设计要求。

2）氮气气举排液

监督入井氮气纯度不应小于95%。监督液面掏空深度不应超过套管允许掏空深度，应在套管抗外挤强度的80%以内。

3）水力泵排液

检查动力液是否清洁无杂质、无固相颗粒。监督记录产出液液量、液性。

4）抽汲、提捞

抽子最大沉没度应小于300m，监测地层是否出砂。连续抽汲排液至液体性质和产量稳定后，定深定时定次数抽汲求产。

5）放喷

监督检查放喷管线由井口采油树（包括上钻台采油树、测试控制头等）接到计量罐，管线应用标准放喷管线或油管连接、落地并固定，按标准试压合格。监督放喷时，及时取样化验，待含水稳定或不含水再求产。检查预防管线刺漏、井喷失控、防爆、防中毒和防止环境污染的应急方案。监督高温高压高产气井、加砂压裂井排污流程、除砂器安装及高压管线第三方检测情况。

9. 求产

求产作业、试油资料录取应符合标准规定。油气井测试地面计量应符合标准规定。

10. 压井

监督检查井口装置、地面流程试压情况。检查压井液性能是否符合设计要求。

11. 封层

封层进行注水泥塞和下桥塞作业时均应符合标准规定。根据设计下桥塞或注水泥塞进行封层作业，封闭工业油气层时，应采取保护油气层措施。

12. 封井

封井作业应符合标准规定。所有井的暂闭和永久封井设计中应考虑所有潜在流入源，原则上应至少设置两道井屏障。

13. 交井

交接井时试油气成果资料应验收合格，井场设施、环保条件满足交接井规定要求，发包方与承包方双方签字认可后，即完成交接井。

14. 试油监督检查

试油监督根据监督工作计划书开展监督工作并形成监督日志。试油监督应按工序对现场施工进行检查。施工过程中监督发现违反设计、合同、规定、标准、指令的施工行为和影响安全生产、导致工序质量不合格及环境污染等问题，应及时制止，下达检查整改通知单并监督整改。有下列情况之一者，应下达监督备忘录，并报监督管理部门和建设单位：

（1）施工单位不按期整改或整改不合格的。

（2）造成复杂、事故、停工及质量影响或经济损失的。

（3）资料录取及上报等弄虚作假的。

（三）完工验收与监督总结

单井作业完工后应编写试油监督总结。提交试油监督工作计划书、试油监督开工验收检查表、试油监督日志、试油监督检查表、检查整改通知单、监督备忘录。当出现无法弥补的重大工程事故、安全事故或环保事故，或未能按设计取到合格的地层压力、产量、流体性质中任何一项资料的单层试油质量评定为不合格。

四、压裂监督工作规范

压裂监督工作规范包含了监督准备、开工验收、压裂过程监督、质量总结验收、施工质量评价、资料归档等工作内容。

（一）监督准备

1. 设计

必须了解施工井的地质方案设计、压裂工艺设计及施工设计内容和具体要求。工艺设计、施工设计必须由具备资质的单位进行编制。发现设计有缺陷，必须向设计审批单位申报提出。核查工艺设计、施工设计的健康、安全、环境保证措施。

2. 室内试验报告审查

压裂施工所用材料、工具的性能检测及试验数据必须由发包方认可具备资质的单位完成并提供。试验报告提供的资料应包括：

（1）井下工具型号、承压、耐温性能等。
（2）支撑剂单项性能检测报告。
（3）压裂液及有关添加剂性能检测报告。
（4）支撑剂导流能力评价实验数据。
（5）现场水样检测报告。
（6）特殊要求实验数据。

有岩心和测井资料的施工井试验报告中还应提供：施工层段及相邻层段的岩石力学参数、岩心伤害试验数据。

（二）开工验收

核对施工井号，检查承包方与发包方签订的经济合同，核实承包方准入证，承包方及人员、装备的资质必须与准入证相符。依据工艺设计核查、审核承包方提供的施工所用工具、材料的生产合格证、型号和数量，必要时对工具、材料的性能提出复检要求。现场所有添加剂、支撑剂和压裂液各取一份备用。按工艺设计要求核实施工管柱结构、深度等。依据设计核查施工井口、油管及地面管线的承压能力并检查加固措施。压裂液用罐应清洁、无杂物、摆放合理。以工艺设计参数为依据，核实施工设备状况、技术参数，必要时对设备型号及能力提出要求。依据工艺设计检查现场施工的相应健康、安全、环保要求的落实情况。

（三）压裂过程监督

落实现场施工指挥小组成员及相应职责，遇到紧急情况应组织现场施工指挥小组研究并做出决策方案。依据设计要求，对井口及管线试压。确认设备正常后，启动一至两台车验封试挤，待确认管柱正常后开始压裂。检查记录小型压裂和正常施工的相关参数是否真实准确。施工参数包括：施工时间、前置液量、携砂液量、顶替液量、施工排量、砂量、砂比、施工压力、破裂压力、停泵压力等施工参数。依据设计或发包方要求，监督落实返排时间、返排方式、返排量。遵照发包方或设计要求，执行下步工序。

施工材料、工具性能相关性能参数应符合设计要求。施工总结中施工井基本数据、施工管柱结构、液体的配置数据、泵注程序记录、施工参数及施工曲线齐全准确。

（四）质量总结验收

应对施工设计及工艺设计的合理性、施工准备情况、液体质量、设备能力、施工参数控制、事故处理能力做出评价，并经发包方、承包方、监督方三方签字认可。

（五）施工质量评价

施工质量分为合格和不合格。施工过程符合设计要求为合格。当出现施工曲线记录不全；施工砂比变化大于设计要求的10%；进入目的层砂量探井小于设计要求的90%，生产井小于设计要求的 95%；过量顶替；有重大人员伤亡、工程事故及环境污染之一者均为不合格。

（六）资料归档

施工结束后应对施工材料、工具性能、用量验收表，压裂施工公报和压裂施工监督评价验收报表等进行归档。

五、钻井 HSE 监督工作规范

钻井 HSE 监督工作规范包含了石油天然气钻井工程项目的监督准备、开钻验收、过程监督、质量控制、井控与 HSE、变更管理、完井验收及监督总结等工作内容。

钻井 HSE 监督工作规范包含了监督准备、监督实施、信息处理等工作内容。

（一）监督准备

1. 资料收集

安全监督人员应收集被监督项目相关资料，包括但不限于：地理环境特征、当地气象环境特征、危害因素辨识与防范措施制订情况，以及当地政府及相关单位的安全要求等。

2. 监督方案

安全监督人员应依据项目风险编制安全监督方案，方案内容包括但不限于：施工队伍概述、危害因素辨识与控制、监督工作重点等。

安全监督人员编制的方案，应提交监督机构审批。

（二）监督实施

1. 实施要求

安全监督人员应按照检查内容对作业场所进行监督检查，内容包括但不限于：人员作业行为、设备设施的安全性、作业的安全条件、安全管理现状等。

安全监督人员可持表检查。

监督活动结束后，应形成检查记录：检查记录应向被监督单位呈现，同时听取被监督单位意见；记录的种类包括文字记录、图片记录、语音记录、影响记录。

下达的隐患整改通知单、违章处罚通知单、停工停产通知单等记录，应由被监督单位现场负责人签字确认。对已经确认的记录，应按照要求对整改情况进行验证，并形成验证结论。

2. 实施要点

1）拆卸、安装作业

安全监督人员应确认钻井队拆卸、安装作业符合以下要求：

（1）设备的拆卸、安装应符合标准规定。

（2）设备拆卸（安装）起重作业前应对进入施工现场的吊车和起重作业人员相关资质进行核查。

（3）钻机拆卸（安装）作业前应组织召开钻井队全员参加的安全会议，明确岗位分工，辨识作业风险，落实风险防控措施。

（4）作业前钻井队人员应对吊索具进行检查，选择符合要求的吊索具。

（5）遇6级及以上大风、雷电、暴雨或雾、雪、沙暴，或能见度小于30m的恶劣天气时，应停止设备吊装作业。

拆卸、安装期间，安全监督人员应对特殊吊装作业旁站监督。

2）起放井架作业

起放井架前，安全监督人员应参加钻井队召开的作业前安全会，会议应明确人员分工，落实管控措施。

安全监督人员应确认钻井队起放井架作业符合以下要求：

（1）钻井队应对井架及底座、动力及控制部分、井架起升系统、场地等关键部位进行检查。

（2）继气器进气正常、放气正常、动作灵敏、不漏气，冬季应有保温措施。

（3）供电系统正常，动力系统、传动系统和控制系统应正常运转2h以上。

（4）井架起放应由一名指挥统一指挥，指挥站位安全并便于刹把操作者观察。

（5）井架起放过程中，除作业人员，其他人员和所有机具应撤至安全区，安全距离为正前方距井口不少于70m，两边距井架不少于20m。

（6）井架起升作业时应进行试起升，在起升离开支架不超过50cm时，应停止起升作业，对井架起升系统、井架等进行检查。

（7）井架起放作业的环境温度不应低于-40℃，遇5级以上大风或能见度小于100m时，不应进行井架的起放作业。

（8）新配套或大修后第一次组装的井架，起放井架作业应在厂方的指导下完成。

3）开钻前检查

安全监督人员应确认钻井队开钻符合以下要求：

（1）开钻前检查、现场防火防爆，以及个人防护装备配备应符合标准规定。

（2）电代油、气代油动力设计应符合标准规定。

（3）钻井工程设计、地质设计应到位。

（4）岗位人员应配备到位，证件应齐全有效。

（5）钻井设备应符合钻井工程设计，安全设施、应急物资和器材配备应齐全，完好有效。

（6）作业计划书的编制、审批应符合要求。

（7）钻井队应开展开钻安全自查自改。

（8）钻井工程、地质工程应技术交底。

安全监督人员应验证检查出问题的整改。

4）井控

安全监督人员应确认钻井队井控工作符合以下要求：

（1）井控装置的安装应符合标准规定及钻井工程设计的要求。

（2）井控装置应有井控车间的试压报告。

（3）井口装置和井控管汇上各阀门应挂牌，定期活动开关和保养。

（4）节控箱、节流管汇应标识最高允许关井压力值。

（5）远程控制台电源应从配电房用专线直接引出，并用单独的开关控制。

（6）定期对液面报警装置、固定式硫化氢监测仪、防爆排风扇和逃生装置等安全设施进行检查。

（7）相关人员井控培训合格证的持证情况应符合作业区域要求。

（8）防喷器半封闸板尺寸应与钻具相匹配。

（9）打开油气层前的检查、验收、申报、审批应符合要求。

（10）按照工程设计开展防喷演习。

（11）钻井液密度、储备钻井液、加重材料应符合设计要求。

（12）钻井队应准备与钻具组合相匹配的防喷单根或立柱及配合接头。

安全监督人员应旁站监督井控装置的安装及试压作业，应监督钻井队井控例会制度、坐岗和干部值班制度执行情况，及油气层短程起下钻执行情况。

5）钻进作业

安全监督人员应确认钻井队钻井作业符合以下要求：

（1）井筒作业发生变更时，管理人员应组织召开作业前安全会，识别作业变更带来的主要风险，并制订对应的削减措施。

（2）起下钻作业前，作业人员应对关键要害部位进行检查。

（3）按照应急演练计划开展应急演练。

安全监督人员应参加班前（后）会，监督钻井队岗位进行交接班检查、识别作业风险、制订预防措施，及钻井队井控坐岗和有毒有害气体检测情况。

6）完井作业

安全监督人员应确认钻井队完井作业符合以下要求：

（1）电测期间应 24h 井控坐岗。

（2）放射源装卸期间，应设立警戒区域，设置警示标识，非工作人员应撤离到安全区域。

（3）下套管前，钻井队应对关键设备、关键部位、安全防护设施等进行检查。

（4）固井作业前应合理排放车辆，设立警戒区域，设置警示标识，非工作人员不应进入高压区。

固井作业前，安全监督人员应参加协调会。完井拆装井口前，安全监督人员应参加作业前安全会议。

7）钻井辅助作业

安全监督人员应确认钻井队钻井辅助作业符合以下要求：

（1）钻井队钻具、工具、仪器上下钻台选用合适的提丝、吊索具，并有专人指挥。

（2）钻井队钻井泵、钻机绞车、柴油机等检维修作业落实能量隔离、上锁挂签、专人监护等措施，涉及高危作业的应办理作业许可。

（3）钻井队滑大绳、倒大绳作业前明确人员分工，分析存在的风险并制订管控措施。作业完成后及时安装、调试防碰天车，检查死活绳头固定。

（4）钻井队清理钻井液罐作业办理受限空间作业许可，检测有毒有害气体及氧气浓度，并安排专人监护。

8）硫化氢防护

安全监督人员应确认钻井队硫化氢防护符合以下要求：

（1）钻井队含硫化氢井现场符合标准规定。

（2）钻井队含硫化氢井人员防护、井场安全警示标识符合标准规定。

（3）钻井队含硫化氢井人员持有硫化氢防护培训合格证。

（4）钻井队按设计配备硫化氢监测仪、可燃气体检测仪、正压式空气呼吸器和空气压缩机。

（5）钻井队配备设备在检验期内，正压式空气呼吸器在使用后充气至正常压力。

（6）钻井队在进入含硫化氢油气层后按照设计落实防硫化氢技术措施。

9）作业许可

安全监督人员应确认钻井队作业许可符合以下要求：

（1）建立作业许可制度，作业许可应实行分级管理，建立分级管控清单，明确审批人。

（2）办理作业许可的作业包括但不限于：进入受限空间作业、挖掘作业、高处作业、流动式起重机吊装作业、临时用电作业、动火作业、企业认定的其他应进行作业许可的作业。

（3）相关作业人员应参加作业许可前工作安全分析。

（4）开展风险识别，制订并落实安全措施，审批人现场核验、签字。

（5）作业环境、条件、内容发生变化，存在紧急情况、重大隐患，或发生事故时，应停止作业。需要继续作业的，重新办理作业许可。

（6）现场应有作业许可公示，作业区域应有警示隔离措施。

（7）作业时监护人员、指挥人员应全程监管。

作业完成后，安全监督人员应验证检查合格并签字确认，认可并关闭作业许可。

10）故障及复杂工况

安全监督人员应确认钻井队故障及复杂工况符合以下要求：

（1）钻井队制订故障及复杂工况处理方案和应急处置措施，并对相关人员进行技术交底。

（2）钻井队对钻机固定、活绳头、大绳、刹车系统、指重表、大钩安全销、死绳固定器及井架大腿等关键部位进行检查。

（3）钻井队按照故障及复杂工况处理方案进行作业。

（4）在处理过程中，钻井队涉及直接作业环节的按照相关作业许可要求执行。

（5）溢流、井涌、井喷及压井作业时，钻井队进行有毒有害及可燃气体检测，督促及时汇报信息，按程序启动应急预案。

11）新设备、新技术、新工艺、新材料应用

安全监督人员应确认钻井队新设备、新技术、新工艺、新材料应用符合以下要求：

（1）新设备有操作规程，相关人员经过培训。

（2）新工艺有工艺危害分析，制订有风险控制措施。

（3）新化工材料有化学品安全数据说明书，制订有应急处置措施。

（4）针对"四新"制订的应急处置措施进行了演练。

12）特殊季节作业

夏季作业时，安全监督人员应确认钻井队符合以下要求：

（1）落实夏季防触电、防雷击、防洪涝、防淹溺、防火防爆、防交通事故、防中暑、防食物中毒措施。

（2）井场和营房布局应符合防洪、防汛、防坍塌要求。

（3）合理安排岗位员工避开高温时间作业。

（4）雷雨季节到来前应进行防雷设施检测。

（5）电气设备、设施和营房的接地电阻检测电阻值应符合要求。

（6）防洪防汛物资应满足本作业区域要求。

冬季作业时，安全监督人员应确认钻井队符合以下要求：

（1）落实冬季防冻防滑、防火、防爆、防井喷、防中毒、防交通事故、防触电、防泄漏污染措施。

（2）冬防保温器材、物资应配备到位。

（3）进行设备冬季操作规程培训。

（4）按标准给岗位员工配发冬季劳动防护用品。

（5）寒冷地区设备管线应有保温加热措施。

13）联合作业

安全监督人员应确认联合作业应用符合以下要求：

（1）主体作业单位和相关方签订安全协议，属地责任明确。

（2）主体作业单位牵头召开相关方协调会，明确指挥及各岗位分工，进行安全和技术交底。

（3）相关方人员劳动防护用品穿戴符合相关要求。

（4）联合作业主体作业单位组织开展风险辨识，制订管控及应急处置措施，主体作业单位应明确协调人。

（5）主体作业单位对相关方人员进行了风险告知和技术交底。

（6）高危作业执行作业许可相关要求。

（三）信息处理

安全监督信息应自下而上、及时传递。传递的途径包括电话汇报、信息报表、附件传真、照片上传等。

安全生产事故（事件）信息可先通过电话简要汇报事故（事件）时间、地点、损失、伤害程度及现场采取的应急措施等，并按要求进行书面汇报。

重大事故隐患信息汇报后，应督促施工单位整改，并提供整改前后对比照片。

附录 井工程主要标准规范目录

一、国家标准

序号	标准编号	标准名称
一	地质专业	
1	GB/T 29171—2023	岩石毛管压力曲线的测定
2	GB/T 29172—2012	岩心分析方法
3	GB/T 31483—2015	页岩气地质评价方法
4	GB/T 32865—2016	致密砂岩气技术要求和试验方法
5	GB/T 34906—2017	致密油地质评价方法
6	GB/T 35110—2017	海相页岩气勘探目标优选方法
7	GB/T 35206—2017	页岩和泥岩岩石薄片鉴定
二	钻井专业	
1	GB/T 5005—2010	钻井液材料规范
2	GB/T 9253.2—2017	石油天然气工业 套管、油管和管线管螺纹的加工、测量和检验
3	GB/T 16783.1—2014	石油天然气工业 钻井液现场测试 第1部分：水基钻井液
4	GB/T 16783.2—2012	石油天然气工业 钻井液现场测试 第2部分：油基钻井液
5	GB/T 17744—2020	石油天然气工业 钻井和修井设备
6	GB/T 17745—2011	石油天然气工业 套管和油管的维护与使用
7	GB/T 19190—2013	石油天然气工业 钻井和采油提升设备
8	GB/T 19830—2023	石油天然气工业 油气井套管或油管用钢管
9	GB/T 19831.1—2005	石油天然气工业 套管扶正器 第1部分：弓形弹簧套管扶正器
10	GB/T 19831.2—2008	石油天然气工业 固井设备 第2部分：扶正器的放置和止动环测试
11	GB/T 19832—2017	石油天然气工业 钻井和采油提升设备的检验、维护、修理和再制造
12	GB/T 20174—2019	石油天然气钻采设备 钻通设备
13	GB/T 20656—2023	石油天然气工业 新套管、油管和钻杆现场检验
14	GB/T 20657—2022	石油天然气工业 套管、油管、钻杆和用作套管或油管的管线管性能公式及计算

续表

序号	标准编号	标准名称
15	GB/T 20971—2007	石油天然气工业　固井设备　注水泥浮动装置性能测试
16	GB/T 21267—2024	石油天然气工业　套管及油管螺纹连接试验程序
17	GB/T 21412.4—2013	石油天然气工业　水下生产系统的设计与操作　第4部分：水下井口装置和采油树设备
18	GB/T 22512.1—2012	石油天然气工业　旋转钻井设备　第1部分：旋转钻柱构件
19	GB/T 22513—2023	石油天然气钻采设备　井口装置和采油树
20	GB/T 23505—2017	石油天然气工业　钻机和修井机
21	GB/T 23507.1—2017	石油钻机用电气设备规范　第1部分：主电动机
22	GB/T 23507.2—2017	石油钻机用电气设备规范　第2部分：控制系统
23	GB/T 23507.3—2017	石油钻机用电气设备规范　第3部分：电动钻机用柴油发电机组
24	GB/T 23507.4—2017	石油钻机用电气设备规范　第4部分：辅助用电设备及井场电路
25	GB/T 23512—2015	石油天然气工业　套管、油管、管线管和钻柱构件用螺纹脂的评价与试验
26	GB/T 23802—2023	石油天然气工业　套管、油管和接箍毛坯及附件材料用耐腐蚀合金无缝管交货技术条件
27	GB/T 24956—2010	石油天然气工业　钻柱设计和操作限度的推荐作法
28	GB/T 25428—2015	石油天然气工业　钻井和采油设备　钻井和修井井架、底座
29	GB/T 25429—2019	石油天然气钻采设备　钻具止回阀
30	GB/T 25430—2019	石油天然气钻采设备　旋转防喷器规范
31	GB/T 28911—2012	石油天然气钻井工程术语
32	GB/T 29166—2021	石油天然气工业　钢制钻杆
33	GB/T 29169—2012	石油天然气工业　在用钻柱构件的检验和分级
34	GB/T 29170—2012	石油天然气工业　钻井液实验室测试
35	GB/T 29549.1—2023	海上石油固定平台模块钻机　第1部分：设计
36	GB/T 29549.2—2013	海上石油固定平台模块钻机　第2部分：建造
37	GB/T 29549.3—2013	海上石油固定平台模块钻机　第3部分：海上安装、调试与验收
38	GB/T 30216—2013	车装钻机
39	GB/T 30217.1—2013	石油天然气工业　钻井和采油设备　第1部分：海洋钻井隔水管设备的设计和操作
40	GB/T 30217.2—2016	石油天然气工业　钻井和采油设备　第2部分：深水钻井隔水管的分析方法、操作和完整性

续表

序号	标准编号	标准名称
41	GB/T 31033—2014	石油天然气钻井井控技术规范
42	GB/T 31049—2022	石油天然气钻采设备　顶部驱动钻井装置
43	GB/T 32338—2015	石油天然气工业　钻井和修井设备　钻井泵
44	GB/T 32474—2016	石油钻井井控设备用橡胶软管及软管组合件
45	GB/T 33508—2017	立管疲劳推荐作法
46	GB/T 33581—2017	石油天然气工业　钻井液　固控设备评价
47	GB/T 35146—2017	石油天然气工业　海上钻井和修井设备
三	采油专业（修井）	
1	GB/T 18607—2017	石油天然气工业　钻井和采油设备　往复式整筒抽油泵
2	GB/T 20970—2015	石油天然气工业　井下工具　封隔器和桥塞
3	GB/T 21410—2015	石油天然气工业　井下设备　锁定心轴和定位接头
4	GB/T 21411.1—2014	石油天然气工业　人工举升用螺杆泵系统　第1部分：泵
5	GB/T 22342—2022	石油天然气钻采设备　井下安全阀系统设计、安装、操作、试验和维护
6	GB/T 28259—2012	石油天然气工业　井下设备　井下安全阀
7	GB/T 34907—2017	稠油蒸汽热采井套管技术条件与适用性评价方法
8	GB/T 35148—2017	石油天然气工业　井下工具　完井工具附件
四	油化剂	
1	GB/T 19139—2012	油井水泥试验方法
2	GB/T 33293—2016	常压下油井水泥收缩与膨胀的测定
3	GB/T 33294—2016	深水油井水泥试验方法

二、石油天然气行业标准

序号	标准编号	标准名称
一	地质专业	
1	SY/T 5190—2016	石油综合录井仪技术条件
2	SY/T 5191—2011	气相色谱录井仪
3	SY/T 5251—2016	油气井录井项目及录井质量要求
4	SY/T 5483—2017	常规地层测试技术规程

续表

序号	标准编号	标准名称
5	SY/T 5593—2016	井筒取心质量规范
6	SY/T 5599—2012	油气探井录井总结报告编写规范
7	SY/T 5601—2009	天然气藏地质评价方法
8	SY/T 5602—2014	碎屑岩油藏评价井录取资料技术要求
9	SY/T 5718—2016	试油（气）完井总结编写规范
10	SY/T 5752—2012	石油录井数据项名称规范
11	SY/T 5778—2008	岩石热解录井规范
12	SY/T 5965—2017	油气探井钻井地质设计规范
13	SY/T 6012—2012	滩（浅）海试油作业规程
14	SY/T 6013—2019	试油资料录取规范
15	SY/T 6021—1994	石油天然气勘探工作规范
16	SY/T 6027—2019	岩石矿物电子探针定量分析方法
17	SY/T 6243—2009	油气探井工程录井规范
18	SY/T 6244—1996	油气探井井位设计规程
19	SY/T 6285—2011	油气储层评价方法
20	SY/T 6292—2008	探井试油测试资料解释规范
21	SY/T 6293—2021	勘探试油工作规范
22	SY/T 6348—2019	陆上石油天然气录井作业安全规程
23	SY/T 6581—2012	高压油气井测试工艺技术规程
24	SY/T 6611—2017	石油定量荧光录井规范
25	SY/T 6747—2014	油气井核磁共振录井规范
26	SY/T 6748—2008	油气井岩心扫描规范
27	SY/T 6750—2009	录井现场数据格式
28	SY/T 6679.1—2014	综合录井仪校准方法 第1部分：传感器
29	SY/T 6679.2—2022	综合录井仪校准方法 第2部分：录井气相色谱仪
30	SY/T 6679.3—2009	综合录井仪校准方法 第3部分：数据采集系统
31	SY/T 6679.4—2016	综合录井仪校准方法 第4部分：红外气体分析仪
32	SY/T 6831—2018	油气井录井系列规范
33	SY/T 6894—2012	岩性地层区带评价技术规范

续表

序号	标准编号	标准名称
34	SY/T 6940—2020	页岩含气量测定方法
35	SY/T 7309—2016	储层定量荧光分析方法
36	SY/T 7420—2018	X射线荧光光谱元素录井规范
二	钻井专业	
1	SY/T 5067—2018	石油天然气钻采设备　钻修井用安全接头
2	SY/T 5083—2021	石油天然气钻采设备　尾管悬挂器及尾管回接装置
3	SY/T 5088—2017	钻井井身质量控制规范
4	SY/T 5089—2012	石油天然气钻井日报表
5	SY/T 5089.2—2013	钻井井史格式　第2部分：海洋部分
6	SY/T 5150—2013	分级注水泥器
7	SY/T 5225—2019	石油天然气钻井、开发、储运防火防爆安全生产技术规程
8	SY/T 5234—2016	钻井参数优选基本方法
9	SY/T 5247—2008	钻井井下故障处理推荐方法
10	SY/T 5333—2023	钻井工程设计格式
11	SY/T 5347—2016	钻井取心作业规程
12	SY/T 5369—2012	石油钻具的管理与使用　方钻杆、钻杆、钻铤
13	SY/T 5373—2020	钻井井下工具与作业用图形符号
14	SY/T 5377—2013	钻井液参数测试仪器技术条件
15	SY/T 5390—1991	钻井液腐蚀性能检测方法　钻杆腐蚀环法
16	SY/T 5396—2012	石油套管现场检验、运输与贮存
17	SY/T 5412—2023	下套管作业规程
18	SY/T 5415—2012	钻头使用基本规则和磨损评定方法
19	SY/T 5416.1—2016	定向井测量仪器测量及检验　第1部分：随钻类
20	SY/T 5416.3—2016	定向井测量仪器测量及检验　第3部分：陀螺类
21	SY/T 5416.4—2007	定向井测量仪器测量及检验　第4部分：有线随钻类
22	SY/T 5431—2017	井身结构设计方法
23	SY/T 5466—2013	钻前工程及井场布置技术要求
24	SY/T 5467—2007	套管柱试压规范
25	SY/T 5480—2016	固井设计规范

续表

序号	标准编号	标准名称
26	SY/T 5496—2017	石油天然气工业 钻井和采油设备 震击器及加速器
27	SY/T 5547—2012	螺杆钻具使用、维修和管理
28	SY/T 5612—2018	石油天然气钻采设备 钻井液固相控制设备规范
29	SY/T 5613—2016	钻井液测试 泥页岩理化性能试验方法
30	SY/T 5618—2016	套管用浮箍、浮鞋
31	SY/T 5619—2018	定向井下部钻具组合设计方法
32	SY/T 5623—2009	地层压力预（监）测方法
33	SY/T 5678—2017	钻井完井交接验收规则
34	SY/T 5724—2008	套管柱结构与强度设计
35	SY/T 5729—2012	稠油热采井固井作业规程
36	SY/T 5731—2012	套管柱井口悬挂载荷计算方法
37	SY/T 5954—2021	开钻前验收项目及要求
38	SY/T 5955—2018	定向井井身轨迹质量
39	SY/T 5956—2021	钻具报废技术规范
40	SY/T 5964—2019	钻井井控装置组合配套、安装调试与使用规范
41	SY/T 5972—2021	钻机基础技术规范
42	SY/T 5996—2016	水泥胶结组合仪
43	SY/T 6057—2012	塔型井架拆装与整体运移作业规程
44	SY/T 6058—2004	自升式井架起放作业规程
45	SY/T 6128—2012	套管、油管螺纹接头性能评价试验方法
46	SY/T 6202—2013	钻井井场油、水、电及供暖系统安装技术要求
47	SY/T 6218—2019	套管开窗及侧钻作业方法
48	SY/T 6332—2012	定向井轨迹控制
49	SY/T 6396—2014	丛式井平台布置及井眼防碰技术要求
50	SY/T 6453—2000	水泥浆高温高压失水测定仪
51	SY/T 6466—2016	油井水泥石性能试验方法
52	SY/T 6540—2021	钻井液完井液损害油层室内评价方法
53	SY/T 6543—2019	欠平衡钻井技术规范
54	SY/T 6544—2017	油井水泥浆性能要求

续表

序号	标准编号	标准名称
55	SY/T 6592—2016	固井质量评价方法
56	SY/T 6613—2005	钻井液流变学与水力学计算程序推荐作法
57	SY/T 6676—2022	钻井液密度计校准方法
58	SY/T 6708—2019	石油天然气钻井液日报表
59	SY/T 6709—2008	膏盐层钻井技术规程
60	SY/T 6742—2008	套管钳扭矩仪校准方法
61	SY/T 6789—2010	套管头使用规范
62	SY/T 6864—2020	钻井液黏度计校准方法
63	SY/T 6868—2023	石油天然气钻采设备　井控系统
64	SY/T 6869—2012	石油天然气工业　井下工具　井下套管阀
65	SY/T 6963—2013	大位移井钻井设计指南
66	SY/T 7084—2016	固井水泥头及常规固井用胶塞
67	SY/T 7333—2023	石油天然气钻采设备　固井设备
68	SY/T 7336—2016	钻井液现场工艺技术规程
69	SY/T 7337—2016	含硫化氢油气井水基钻井液处理维护技术规范
70	SY/T 7338—2016	石油天然气钻井工程　套管螺纹连接气密封现场检测作业规程
71	SY/T 7377—2017	钻井液设计规范
72	SY/T 7451—2019	枯竭型气藏储气库钻井技术规范
三	测井专业	
1	SY/T 5132—2012	石油测井原始资料质量规范
2	SY/T 5325—2021	常规射孔作业技术规范
3	SY/T 5326.1—2018	井壁取心技术规范　第1部分：撞击式
4	SY/T 5326.2—2017	井壁取心技术规范　第2部分：钻进式
5	SY/T 5600—2016	石油电缆测井作业技术规范
6	SY/T 5633—2018	石油测井图件格式
7	SY/T 5726—2018	石油测井作业安全规范
8	SY/T 5940—2019	储层参数的测井计算方法
9	SY/T 5945—2016	测井解释报告编写规范
10	SY/T 6030—2018	钻杆输送及油管输送电缆测井作业技术规范

续表

序号	标准编号	标准名称
11	SY/T 6139—2005	石油测井专业词汇
12	SY/T 6161—2009	天然气测井资料处理及解释规范
13	SY/T 6182—2021	生产测井仪刻度规范
14	SY/T 6253—2016	水平井射孔作业技术规范
15	SY/T 6446—2013	油气井射孔弹质量检验靶
16	SY/T 6449—2000	固井质量检测仪刻度及评价方法
17	SY/T 6451—2017	探井测井资料处理与解释规范
18	SY/T 6492—2020	声速测井仪核实技术规范
19	SY/T 6546—2023	复杂岩性地层测井数据处理解释规范
20	SY/T 6548—2018	石油测井电缆和连接器使用技术规范
21	SY/T 6549—2016	复合射孔施工技术规范
22	SY/T 6582—2019	石油核测井仪刻度规范
23	SY/T 6587—2021	电子式井斜仪校准方法
24	SY/T 6593—2016	核磁共振成像测井仪刻度规范
25	SY/T 6617—2016	核磁共振测井资料处理及解释规范
26	SY/T 6618—2005	碳氧比测井资料处理及解释规范
27	SY/T 6626—2005	电子单多点测斜仪
28	SY/T 6641—2017	固井水泥胶结测井资料处理及解释规范
29	SY/T 6674—2006	密度测井刻度器校准方法
30	SY/T 6691—2014	裸眼井测井设计规范
31	SY/T 6712—2023	岩样电性参数实验室测量规范
32	SY/T 6720—2008	自然伽马能谱测井刻度器校准方法
33	SY/T 6737.3—2010	生产测井下井仪系列通用技术条件 第3部分：工程
34	SY/T 6740—2008	井径仪校准方法
35	SY/T 6751—2016	电缆测井与射孔带压作业技术规范
36	SY/T 6786—2023	电法测井仪刻度规范
37	SY/T 6791—2010	油气井射孔起爆装置通用技术条件及检测方法
38	SY/T 6822—2021	电缆测井项目选择规范
39	SY/T 6840—2011	超声成像测井仪

续表

序号	标准编号	标准名称
40	SY/T 6844—2021	微电阻率成像测井仪
41	SY/T 6906—2012	多极子阵列声波测井仪
42	SY/T 6912—2012	阵列侧向测井仪
43	SY/T 6991—2023	注入和产出剖面测井资料处理与解释规范
44	SY/T 6692—2019	随钻测井作业技术规范
45	SY/T 6994—2020	页岩气测井资料处理与解释规范
46	SY/T 7077—2016	自然伽马刻度器校准方法
47	SY/T 7079—2016	补偿中子刻度器校准方法
四	采油专业（修井）	
1	SY/T 5587.3—2013	常规修井作业规程　第3部分：油气井压井、替喷、诱喷
2	SY/T 5587.4—2019	常规修井作业规程　第4部分：找窜漏、封窜堵漏
3	SY/T 5587.5—2018	常规修井作业规程　第5部分：井下作业井筒准备
4	SY/T 5587.9—2021	常规修井作业规程　第9部分：换井口装置
5	SY/T 5587.10—2012	常规修井作业规程　第10部分：水力喷砂射孔
6	SY/T 5587.12—2018	常规修井作业规程　第12部分：解卡打捞
7	SY/T 5587.14—2013	常规修井作业规程　第14部分：注塞、钻塞
8	SY/T 5846—2020	套管补贴工艺作法
9	SY/T 5847—2012	抽油机井动态控制图编制和使用方法
10	SY/T 5952—2014	油气水井井下工艺管柱工具图例
11	SY/T 6081—2012	采油工程方案设计编写规范
12	SY/T 6084—2014	地面驱动螺杆泵使用与维护
13	SY/T 6086—2019	油田注汽锅炉及配套水处理系统运行技术规程
14	SY/T 6089—2012	蒸汽吞吐作业规程
15	SY/T 6127—2017	油气水井井下作业资料录取项目规范
16	SY/T 6276—2014	石油天然气工业　健康、安全与环境管理体系
17	SY/T 6463—2012	采气工程方案设计编写规范
18	SY/T 6464—2016	水平井完井工艺技术要求
19	SY/T 6645—2019	油气藏型地下储气库注采井完井工程设计编写规范
20	SY/T 6646—2017	废弃井及长停井处置指南

续表

序号	标准编号	标准名称
21	SY/T 6690—2016	井下作业井控技术规程
22	SY/T 6990—2014	侧钻井膨胀套管完井工艺方法
五	油化剂	
1	SY/T 5061—2020	钻井液用石灰石粉
2	SY/T 5091—2022	钻井液用降黏剂 磺化栲胶
3	SY/T 5490—2016	钻井液试验用土
4	SY/T 5504.1—2013	油井水泥外加剂评价方法 第1部分：缓凝剂
5	SY/T 5504.2—2013	油井水泥外加剂评价方法 第2部分：降失水剂
6	SY/T 5504.3—2018	油井水泥外加剂评价方法 第3部分：减阻剂
7	SY/T 5504.4—2019	油井水泥外加剂评价方法 第4部分：促凝剂
8	SY/T 5504.5—2022	油井水泥外加剂评价方法 第5部分：防气窜剂
9	SY/T 5504.6—2022	油井水泥外加剂评价方法 第6部分：减轻剂
10	SY/T 5504.7—2010	油井水泥外加剂评价方法 第7部分：加重剂
11	SY/T 5504.8—2013	油井水泥外加剂评价方法 第8部分：膨胀剂
12	SY/T 5510—2021	油田化学常用术语
13	SY/T 5668—2016	钻井液用页岩抑制剂 腐殖酸钾
14	SY/T 5679—2017	钻井液用降滤失剂 褐煤树脂 SPNH
15	SY/T 5695—2017	钻井液用降黏剂 两性离子聚合物
16	SY/T 5696—2017	钻井液用包被剂 两性离子聚合物
17	SY/T 5753—2016	油井酸化水井增注用表面活性剂性能评价方法
18	SY/T 5822—2021	油田化学剂分类及命名规范